Florian Prieler

Sensor-Systeme und deren Anwendung in autonomen Fahrzeugen am Beispiel des Artificial Intelligence Concept Car

GRIN Verlag

Bibliografische Information der Deutschen Nationalbibliothek:

Die Deutsche Bibliothek verzeichnet diese Publikation in der Deutschen Nationalbibliografie; detaillierte bibliografische Daten sind im Internet über http://dnb.d-nb.de/ abrufbar.

Impressum:

Druck und Bindung: Books on Demand GmbH, Norderstedt Germany
ISBN: 978-3-640-30551-3

Dieses Buch bei GRIN:

http://www.grin.com/de/e-book/125325/sensor-systeme-und-deren-anwendung-in-autonomen-fahrzeugen-am-beispiel

Bachelorarbeit

Sensor-Systeme und deren Anwendung in autonomen Fahrzeugen am Beispiel des Artificial Intelligence Concept Car

Fachhochschule Kärnten
Studiengang Elektronik

Florian Prieler

(Villach, Jänner 2009)

Kurzfassung

Die Auswahl der Sensorik spielt bei autonomen Fahrzeugen eine besondere Rolle, da sich die gesamte Umfelderkennung und die Navigation auf diese Messdaten stützen. Da es keinen perfekten Sensor gibt und jedes Messverfahren mit Fehlern behaftet ist, gilt es den für die jeweilige Anwendung günstigsten Kompromiss zwischen tolerierbarer Unvollkommenheit und spezifischen Vorteilen zu finden. Diese Problematik stellt sich im Projekt „Artificial Intelligence Concept Car“ (kurz AICC) und wird im Kontext mit der praktischen Anwendung in dieser Bachelorarbeit näher beleuchtet. Um die Anforderungen an die Sensorik und die sich daraus ergebenden Problemstellungen besser verstehen zu können, wird zu Beginn auf das grundlegende Konzept autonomer Umfelderkennung und Navigation eingegangen. Im Weiteren werden verschiedenste Sensoren auf deren Eignung für den Einsatz in autonomen Fahrzeugen geprüft. Basierend auf den gewonnenen Erkenntnissen wird ein den Anforderungen des Projekts AICC angepasstes Sensorkonzept entwickelt. Abschließend wird auf die Einbindung der Sensoren am Konzeptfahrzeug AICC eingegangen und die damit verbundenen Erkenntnisse werden ausführlich diskutiert.

Suchbegriffe: (Robotik, SLAM, Kalmanfilter, DARPA, LIDAR, RANSAC)

Summary

A vigilant choice of sensor technology is most important for autonomous vehicles, as motion planning and navigation depend on correct measuring data.

Due to the fact that there is no sensor which is convenient for all possible applications, the complicacy is to strike a balance between acceptable imperfection and specific advantages.

This particular challenge is met in context of the project “Artificial Intelligence Concept Car” aka AICC and will be further discussed within the bachelor thesis in hand.

In order to conceive the according sensor technology requirements the basic concept of autonomous motion planning and navigation is described. Consequently different types of sensors are verified and an adequate sensor concept for AICC is developed. Subsequently the implementation of sensors and the gained cognitions are exemplified.

Key words: (Robotic, SLAM, Kalman Filter, DARPA, LIDAR, RANSAC)

Inhaltsverzeichnis

Abbildungsverzeichnis

Tabellenverzeichnis

Abkürzungsverzeichnis

AICC	**A**rtificial **I**ntelligence **C**oncept **C**ar
CAN	**C**ontroller **A**rea **N**etwork
CCP	**C**apture/**C**ompare **M**odule
CPU	**C**entral **P**rocessing **U**nit
CRC	**C**yclic **R**edundancy **C**heck
DARPA	**D**efense **A**dvanced **R**esearch **P**rojects **A**gency
DGPS	**D**ifferential **G**lobal **P**ositioning **S**ystem
GPS	**G**lobal **P**ositioning **S**ystem
I^2C (IIC)	**I**nter-**I**ntegrated **C**ircuit
IPC	**I**ndustrial **P**ersonal **C**omputer
IR	**I**nfra**r**ed
LED	**L**ight **E**mitting **D**iode
LIDAR	**LI**ght **D**etection **A**nd **R**anging
LiPo	**Li**thium-**Po**lymer
MIT	**M**assachusetts **I**nstitute of **T**echnology
RADAR	**Ra**dio **D**etection **A**nd **R**anging
RANSAC	**Ran**dom **Sa**mple **C**onsensus
RS232	**R**ecommended **S**tandard 232
RS422	**R**ecommended **S**tandard 422
SLAM	**S**imultaneous **L**ocalization **A**nd **M**apping
SPI	**S**erial **P**eripheral **I**nterface
TTCar	**T**ime **T**riggered **C**ar
USB	**U**niversal **S**erial **B**us
USART	**U**niversal **S**ynchronous and **A**synchronous Serial **R**eceiver and **T**ransmitter
WLAN	**W**ireless **L**ocal **A**rea **N**etwork

Einleitung

Die praxisorientierte Grundlage dieser Bachelorarbeit stellt das Projekt AICC (Artificial Intelligence Concept Car) dar.

Die Intention, welche zu Beginn hinter dem Projekt stand, war eine Teilnahme an der DARPA Challenge, ein Rennen autonomer Fahrzeuge im Maßstab 1:1, welches in periodischen Abständen in den USA ausgetragen wird.

Innerhalb des zur Verfügung stehenden Projektzeitrahmens von einem Jahr ist ein Erreichen dieses ehrgeizigen Zieles nicht realisierbar. Das Projektteam, bestehend aus Andreas Blassnig, Christopher Kaiser, Florian Prieler, Helmut Angerer und Markus Kandler, konzentriert sich daher auf die Umsetzung des Projektes in einem adaptierten Rahmen.

Das Projekt AICC baut auf einem bestehenden Projekt der FH Kärnten, dem Time Triggered CAR (kurz TT-CAR) auf. Es besteht aus einem Maßstabsmodell im Verhältnis 1:7, welches es ermöglicht, die für autonomes Fahren notwendige Technik zu testen.

Die Projektziele umfassen:

- Aufbau des Maßstabsmodells
- Erstellung eines Sensorkonzeptes
- Positionsbestimmung im Raum (Navigation)
- Aufbau eines Expertensystems[1]
- Realisierung autonomer Wegstreckenbewältigung innerhalb von Gebäuden

Aus der Erstellung des erforderlichen Sensorkonzeptes leitet sich der Titel der vorliegenden Bachelorarbeit ab. Sie beschreibt die Konzeptionierung der Sensorik für autonome, mobile Indoor-Roboter und befasst sich dabei vordringlich mit der Navigation innerhalb von Gebäuden (indoor), welche besondere Anforderungen an die Sensorik stellt.

[1] Expertensysteme sind ein Teilgebiet der künstlichen Intelligenzforschung

Die Neugier steht immer an erster Stelle eines Problems,
das gelöst werden will.
Galileo Galilei (15.02.1564 - 08.01.1642)
italienischer Physiker und Astronom

1 Aufgabenstellung

Ziel der Bachelorarbeit ist es, eine Gegenüberstellung und Evaluierung verschiedener Sensortypen im Hinblick auf die Verwendung bei autonomen Fahrzeugen durchzuführen und die im Projekt AICC getroffene Sensorauswahl zu begründen.

Dafür ist es erforderlich, sich mit der Thematik des autonomen Fahrens auseinanderzusetzen und die an die Sensorik gestellten Anforderungen zu spezifizieren.

Anhand der applikationsspezifischen Anforderungen werden Sensoren ausgewählt, die diese bestmöglich erfüllen.

Da sich die Sensoren gegenseitig ergänzen ist es erforderlich, ein Sensorkonzept zu erstellen, welches sich mit dem Zusammenspiel der einzelnen Sensoren beschäftigt.

Die Sensor-Hardware ist in Folge auf dem Konzeptfahrzeug AICC zu implementieren und auf die Erfüllung der Konzeptvorgaben und Aufgabenstellung zu testen.

2 Grundlegendes zur Problemstellung „Autonomes Fahren“

Um die Anforderungen an die Sensorik besser verstehen zu können ist es erforderlich, sich mit den für autonome Fahr-Algorithmen benötigten Messdaten auseinanderzusetzen.

Die Sensordaten werden einerseits zur Positionsbestimmung im Raum (Navigation) und andererseits zur Umfelderkennung (Wegfindung) verwendet.

Die im weiteren Verlauf beschriebenen Verfahren wurden aus einem am MIT (Massachusetts Institute of Technology) verfassten Skriptum [1] entnommen.

2.1 Positionsbestimmung im Raum - Navigation

Um sich in einem Raum bewegen zu können, muss die aktuelle Position im Raum bekannt sein. Diese wird mit Hilfe der Sensordaten ermittelt.
Dabei ist zu beachten, dass Messdaten von Sensoren mit einem Fehler behaftet sind. Um diesen Fehler ermitteln und ausgleichen zu können, müssen dieselben Parameter mit verschiedenen Sensoren ermittelt, entsprechend der Genauigkeit des jeweiligen Sensortyps gewichtet und in Folge rechnerisch aufbereitet werden.

Dies geschieht mit verschiedenen Filtern und Gewichtungs-Algorithmen wie bspw. dem Kalmanfilter[2]. Um eine auf der Wahrscheinlichkeitsrechnung basierende Messdaten-Korrektur vornehmen zu können, benötigt der Kalmanfilter unterschiedliche Sensordaten:

- Odometrie[3]-Daten
- Landmarken

Odometrie-Daten, auch als Dead Reckoning bezeichnet, sind Daten wie Geschwindigkeit, Lenkeinschlag und die gefahrene Wegstrecke. Die vektorielle Summierung der zurückgelegten Wegstrecke und der Ausrichtung im Raum ermöglicht eine Abschätzung der eigenen Position.

Landmarken sind absolute Punkte im Raum, die als Orientierungspunkte für die Positionsbestimmung benutzt werden. Diese Landmarken ergeben sich durch die Auswertung der umfeld-erkennenden Sensorik (siehe Kapitel 2.2) und liegen meist in Form von Winkel und Abstand zu einem Hindernis vor. Algorithmen wie der RANSAC[4] Algorithmus können auf Basis dieser Daten zur Ermittlung der Landmarken herangezogen werden.

[2] Ein für Echtzeitanwendungen optimierter, stochastischer Algorithmus für Zustandsvorhersagen (1960 von Rudolf Kálmán entwickelt)

[3] Odometrie ist die Positionsbestimmung eines Fahrzeuges durch die Beobachtung der Räder

[4] Algorithmus zur ausreißertoleranten Modellermittlung bzw. -anpassung

Das Resultat dieser Berechnungen ist die über Auswertung, Filterung und Gewichtung der Sensordaten ermittelte Position des Fahrzeuges im 2D-Raum, welche die Basis für das Navigieren darstellt.

2.2 Umfelderkennung - Wegfindung

Die Daten der Umfelderkennung, welche auch zur Erzeugung der Landmarken benötigt werden, fließen zudem in die Wegfindung ein.

Um die Wegfindung zu realisieren existieren verschiedene Möglichkeiten. Ein Beispiel ist die Verwendung des A*Algorithmus[5], bei dem die Daten der Umfelderkennung in eine MAP[6] eingetragen werden.

Diese MAP ist in befahrbare und nicht-befahrbare Bereiche gegliedert. Anhand der MAP sucht der A*Algorithmus ausgehend vom Fahrzeug nach einer Wegstrecke von der Position des Fahrzeuges zum Ziel, welche ausschließlich befahrbare Bereiche nutzt.

Die entsprechende Aufgabenstellung *„mit einer entsprechenden Genauigkeit ermitteln ob ein Bereich befahrbar ist oder nicht“* stellt hohe Anforderungen an die dafür benötigte Sensorik.

Sowohl für die Umfelderkennung als auch die Positionsbestimmung werden in den nachfolgenden Kapiteln die Anforderungen – bezogen auf das Konzeptfahrzeug AICC – spezifiziert und die zur Verfügung stehenden Sensoren anhand ihrer Charakteristik verglichen.

---

[5] Der „A-Stern“ Algorithmus dient zur Wegfindung

[6] Landkarte (abgeleitet vom englischen Begriff)

3 Grundlegende Betrachtung verschiedener Sensortypen

Die Informationen zum folgenden Kapitel wurden aus [2] bis [19] entnommen.

3.1 Anforderungen an die Sensorik

Wie in Kapitel 2 erläutert müssen zwei Arten von Informationen von der Sensorik bereit gestellt werden: Daten zur Positionsbestimmung und Daten zur Umfelderkennung.

Odometrie-Daten bestehen durchwegs aus Distanz- und Winkel-Änderungen. Folgende Sensoren kommen bspw. für eine entsprechende Datengewinnung in Frage:

- Inkrementalgeber zur Ermittlung der gefahrenen Wegstrecke
- Inkrementalgeber zur Ermittlung des gegenwärtigen Lenkeinschlags
- Kompass zur Ermittlung des absoluten Winkels im Raum
- Gyroskop-Sensoren zur Ermittlung des relativen Winkels im Raum

Die Odometriedaten werden ausschließlich zur Positionsbestimmung des Fahrzeuges herangezogen. Zur Bestimmung der Position können allerdings auch Daten eines GPS-Systems oder Messdaten, welche das Triangulieren der Position durch Laufzeitunterschiede von elektromagnetischen Wellen ermöglichen, verwendet werden:

- GPS zur direkten Positionsbestimmung
- Triangulierung der Position durch W-LAN

Die Daten der Umfelderkennung können mit einer Vielzahl verschiedener Sensoren ermittelt werden. Die Herausforderung besteht in der Wahl des für die Applikation am besten geeigneten Sensors. Häufig werden optische Verfahren wie z. B. Kamera- oder Lasersysteme für diesen Zweck eingesetzt, welche die Erfassung von Hindernissen im direkten Umfeld des Fahrzeuges erlauben. Folgende Sensoren werden im Detail beschrieben:

- LIDAR Sensoren
- Kamerasysteme
- RADAR Sensoren
- Infrarot-Sensoren
- Ultraschall-Sensoren

3.2 Sensoren für die Odometrie-Datenermittlung

Wie bereits erwähnt ist Odometrie die Wissenschaft von der Positionsbestimmung eines Fahrzeuges durch die Beobachtung seiner Räder und stellt ein grundlegendes Verfahren für die Navigation von Robotern [1] [2] dar. Im Folgenden werden die in Kapitel 3.1 aufgelisteten Sensoren näher beschrieben.

3.2.1 Inkrementalgeber

Als Inkrementalgeber [2] [3] werden Sensoren zur Erfassung von Lageänderungen bezeichnet, die sowohl Wegstrecke als auch Richtung erfassen können. Die Erfassung der Lageäderung kann nach verschiedenen Prinzipien erfolgen:

- Photoelektrische Abtastung
- Magnetische Abtastung
- Schleifkontakte (mechanisches Prinzip)

Jedes der drei Prinzipien hat ihr jeweiliges Anwendungsgebiet. Im Weiteren wird auf Inkrementalgeber mit optischer, photoelektrischer Abtastung eingegangen.

Das grundlegende Funktionsprinzip ist bei den meisten Inkrementalgebern gleich [3]. Eine mit Schlitzen versehene Scheibe wird zwischen einer Lichtquelle (z. B. LED) und einem Photoelement drehbar angebracht. Durch die Rotation der Scheibe entstehen Lichtimpulse, die von einer Photozelle in Spannungsimpulse umgewandelt werden. Da die Geometrie der Scheibe bekannt ist, lässt sich aufgrund der Anzahl der Rechtecksimpulse auf die Winkeländerung bzw. Strecke schließen.

Durch das gezielte Anbringen eines weiteren Photoelements und eine Adaptierung der entsprechend kodierten, Scheibe in Segmente kann auf die Drehrichtung geschlossen werden. In Abb. 1 wird die Richtungserkennung am Beispiel des Quadrature Encoder dargestellt:

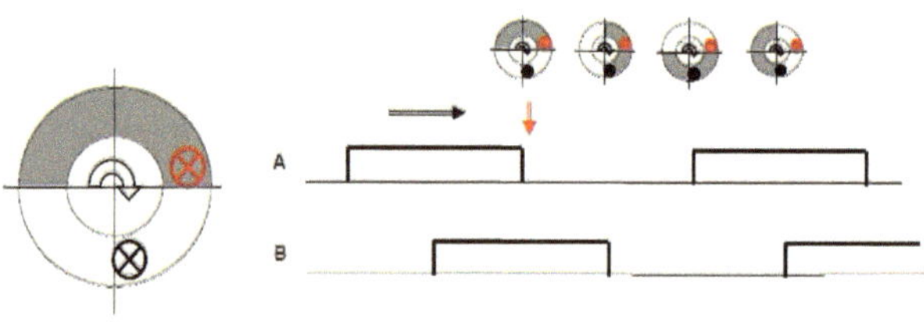

Abb. 1: Quadrature Encoder (vereinfachte schematische Darstellung) [4]

Durch die sich in Abhängigkeit der Drehrichtung ändernde Reihenfolge der Rechteck-Pulse kann die Drehrichtung bspw. mit einem Mikrokontroller ermittelt werden.

Bei Inkrementalgebern muss man beachten, dass sie, wie die Bezeichnung bereits ausdrückt, mit Inkrementen arbeiten. Insofern ist es für bestimmte Anwendungen nötig, von einer definierten Referenzposition aus zu starten, da man die Positionsinformation beim Ausschalten des Gerätes verliert und eine absolute Position nicht vorliegt.

3.2.2 Absolutwertgeber

Das grundlegende Funktionsprinzip eines Absolutwertgebers ist dasselbe wie das eines Inkrementalgebers.

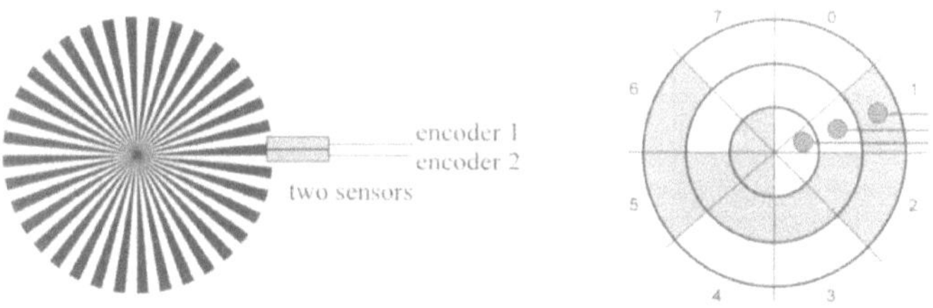

Abb. 2 Inkremental- und Absolutwert- Geber [2]

Im Unterschied zum Inkrementalgeber kann jedoch eine absolute Positionsinformation ermittelt werden. Dies erfolgt durch eine entsprechende Kodierung der Scheibe. Der Kode teilt sich auf mehrere Spuren auf. Jede Spur (in Abbildung 2 als Ringe dargestellt) repräsentiert ein Bit der Kodierung und wird mit einem eigenen Photoelement abgetastet.

Jedem Sektor der Scheibe kann nun ein absoluter Zahlenwert zugeordnet werden, wobei die Auflösung je nach Anwendung beinahe beliebig erhöht werden kann.

3.2.3 Kompass

Mit einem Kompass lassen sich Winkeländerungen relativ zur Lage der Erdmagnetpole ermitteln. Dieses Prinzip ermöglicht die Ermittlung eines absoluten Winkels.

Das Funktionsprinzip von sowohl digitalen als auch analogen Kompassmodulen beruht auf dem Effekt, dass sich der Ohmsche Widerstand einer Legierung unter Einfluss von elektromagnetischen Feldern ändert [19].

Bei der Produktion eines solchen Sensors wird beim Auftragen dieser Legierung auf einen geeigneten Träger ein starkes Magnetfeld parallel zu dessen Achse angelegt. Ohne externes Magnetfeld sind die Teilchen immer in Richtung dieser Achse ausgerichtet. Durch ein externes Feld, z. B. das Erdmagnetfeld, ändert sich deren Richtung und somit der Ohmsche Widerstand des Materials. In Abb. 3 ist ein solcher Sensor abgebildet:

Abb. 3 Honeywell 3-Axis Digital Compass IC [7]

Die Richtungsinformation eines solchen Sensors steht also in Form von Analogspannungen zur Verfügung. Diese Analogspannungen werden bei digitalen Kompassmodulen (siehe Abb. 4) meist direkt auf den entsprechenden Winkelwert umgerechnet und auf einer entsprechenden Standardschnittstelle wie z.B. I²C, SPI, USB oder RS232 bereitgestellt.

Abb. 4 Digitaler 3-Axis Tilt Compensated Compass [6]

3.2.4 Gyroskop

Ein Kreiselinstrument oder Gyroskop ist ein schnell rotierender Kreisel, welcher sich in einem beweglichen Lager dreht [3]. Das Lager ist meist eine kardanische Aufhängung.

Die kardanische Aufhängung lässt sich anhand Abb. 5 erläutern. In einen Ring (Gyroskope-Frame) sind zwei weitere, um 90° versetzte Kardanringe (Gimbal) drehbar gelagert. Der Kreisel (Rotor) wird in der Mitte, ebenfalls drehbar, angebracht.

Aufgrund der Massenträgheit der so gelagerten Kreisel behalten diese auch bei Bewegung ihre Orientierung im Raum bei. Anhand der Drehgeschwindigkeit und der Auslenkung der Kardanringe lässt sich auf die Winkeländerung schließen.

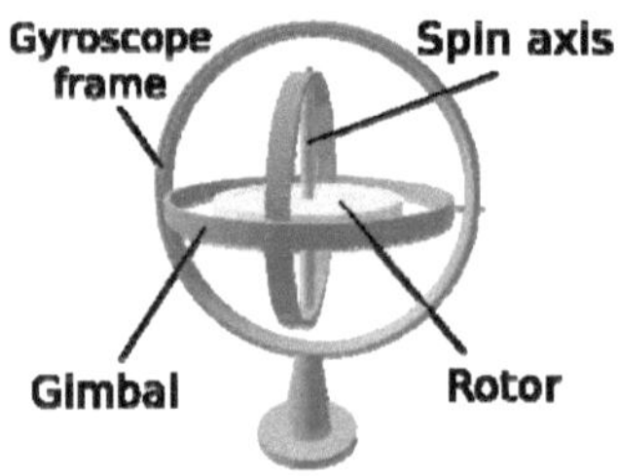

Abb. 5 Gyroskop mit kardanischer Aufhängung [8]

Anwendung finden Gyroskope auch im Modellbau. Da klassische Gyroskope jedoch für diese Anwendung zu schwer sind, nutzt man hier einen anderen physikalischen Effekt: Die Corioliskraft[7], welche zur Familie der Trägheitskräfte zählt.

Um nun diesen Effekt zu nutzen, wird ein Piezoelement in hochfrequente Schwingungen versetzt. Dieses Element produziert bei Einwirkung von äußeren Beschleunigungskräften eine geringe Analogspannung, die proportional zu den auftretenden Beschleunigungskräften ist.

Dieses Funktionsprinzip erreicht nicht die Präzision von hochpräzisen klassischen Gyroskopen, die Geräte sind jedoch wesentlich leichter, kompakter und kommen gänzlich ohne rotierende Komponenten aus. In Abb. 6 ist ein solcher Sensor dargestellt:

Abb. 6 Gyro-Sensor, Mini Piezo Electronic [9]

3.3 Sensoren für die Positionstriangulierung

Dieses Prinzip kann mit einer Vielzahl von Verfahren realisiert werden. Die im Kapitel 3.1 gelisteten Beispiele – GPS für den Outdoor-Einsatz und W-LAN für den Indoor-Einsatz – werden im Rahmen dieser Arbeit beschrieben.

3.3.1 GPS zur direkten Positionsbestimmung

Wie in Abb. 7 ersichtlich nutzt GPS [10] das Prinzip der Positionstriangulation über Satelliten. Bei der Übertragung des Funksignales vom Satelliten zum Empfänger ergeben sich Laufzeitunterschiede. Da die Ausbreitungsgeschwindigkeit der elektromagnetischen Welle des Funksignals bekannt ist, kann die Position des Empfängers berechnet werden.

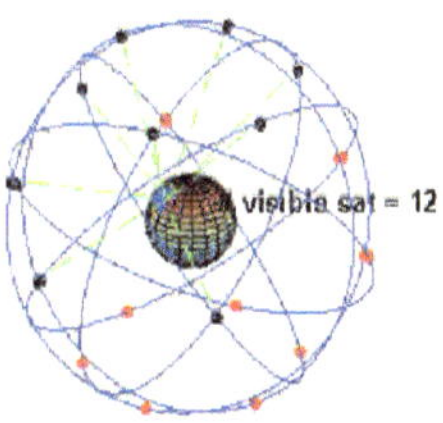

Abb. 7 GPS [11]

7 Benannt nach Gaspard Gustave de Coriolis, führt zu einer seitlichen Ablenkung von Bewegungen, welche zusätzlich zur Drehbewegung auftreten.

Dieses Messverfahren erfordert direkten Sichtkontakt zu mindestens drei Satelliten, wobei zusätzlich deren Abstand zueinander bekannt sein muss. Um die Genauigkeit zu steigern, werden meist mehrere Satelliten verwendet. Damit lässt sich eine Position auf ca. +/- 15m genau ermitteln.

Diese Genauigkeit ist für die meisten Anwendungen ausreichend. Sind aber wie in der Vermessungstechnik oder auch bei der Outdoor-Navigation autonomer Fahrzeuge genauere Messergebnisse gefordert ist es notwendig, Reflexionen und andere Übertragungseffekte, welche die Genauigkeit beeinflussen, zu korrigieren.

Das Differential-GPS (kurz DGPS) nutzt dazu ein terrestrisches Netz von Sendestationen, welche ein Korrektursignal aussenden. Ein entsprechend optimierter GPS-Empfänger kann dieses zusätzliche Signal auswerten und den bei der Übertragung entstandenen Fehler korrigieren. Mit DGPS lassen sich Genauigkeit von ca. +/- 3m erreichen.

Da sich das Projekt AICC mit der Navigation in Gebäuden – also der Indoor-Navigation – beschäftigt, scheiden diese satellitengestützten Verfahren zur Positionierung auf Grund des nicht vorhandenen Sichtkontaktes aus.

3.3.2 Triangulierung der Position durch W-LAN

Eine weitere Option besteht in der Nutzung einer gebäude-internen W-LAN Infrastruktur. Analog zur Positionierungsbestimmung mittels GPS kann hier aus den Laufzeitunterschieden und Signalstärken der W-LAN Access Points auf die Position geschlossen werden.

In einem solchen, wie in Abb. 8 skizzierten System kann man die Funksender, also die Access Points, mit den für die GPS-Navigation erforderlichen Satelliten vergleichen.

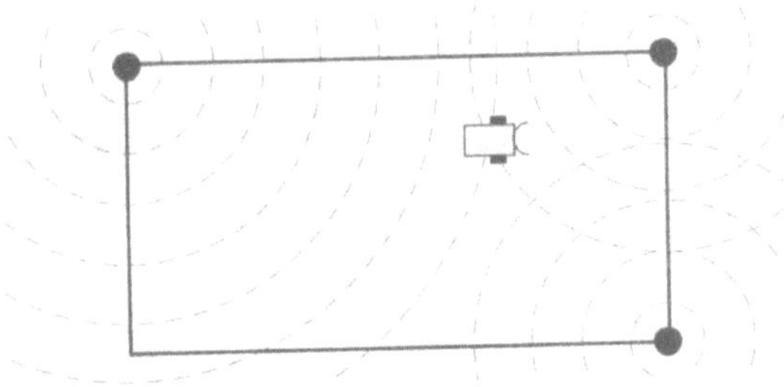

Abb. 8 W-LAN Lokalisationsprinzip [2]

In Hinsicht auf das Projekt AICC wurde ein derartiges System nicht in Betracht gezogen, da man von einer flächendeckenden W-LAN Struktur abhängig ist.

3.4 Sensoren für die Umfelderkennung

Wie bereits in den Kapiteln 2 erwähnt, ist die Umfelderkennung für die Wegfindung autonomer Fahrzeuge essentiell. Nachfolgend werden die Sensor-Typen wie in Kapitel 3.1 gelistet detaillierter beschrieben.

3.4.1 LIDAR

Diese Messmethode [16] verwendet ein dem RADAR ähnliches Prinzip, wobei bei diesem Verfahren ein Laserstrahl abgestrahlt wird.

Aufgrund der Laufzeit und Intensität des reflektierten Lichtes kann die Distanz ermittelt bzw. auf die Oberfläche des Objektes geschlossen werden. Dieser Laserstrahl wird über ein rotierendes Prisma in einer Ebene bewegt.

Dadurch ist ein, je nach Anwendung vertikaler oder wie in unserer Applikation horizontaler Schnitt durch den Raum möglich. Jedem Winkelwert kann durch die Laufzeitverschiebung eine entsprechende Distanz zugeordnet werden. Somit haben die erhaltenen Daten Polarkoordinaten-Charakteristik.

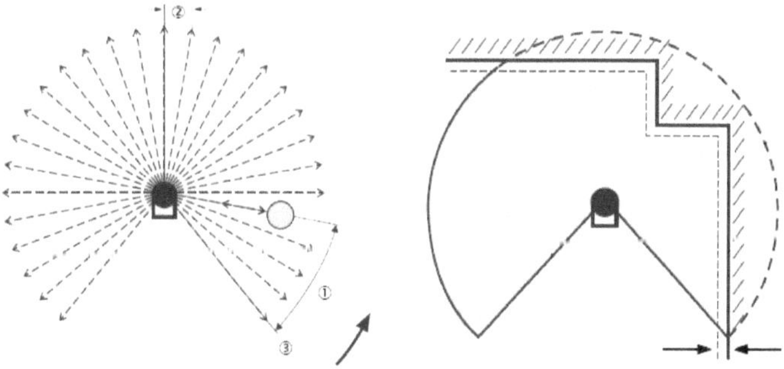

Abb. 9 LIDAR Polarkoordinaten & Erfassung von Raumkonturen [12]

Diese Technik eignet sich zur Erfassung von Hindernissen jeder Art, besonders zur Erfassung von Raumkonturen, wie in Abb. 9 verdeutlicht wird.

Der Nachteil dieser Technologie besteht darin, dass in der gescannten Ebene jeder Winkel nur von einem Punkt repräsentiert wird. Dies hat zur Folge, dass bei einem Messfehler der gesamte, von diesem Winkelabschnitt betroffene Bereich fehlerhaft ist.

Erschwerend kommt hinzu, dass sich, wie in Abb. 9 ersichtlich, mit steigender Distanz zum Hindernis die Auflösung entsprechend reduziert.

Weiters liegt die aufgenommene Information in einer sehr schmalen Ebene vor, was die Erfassung von Hindernissen ausschließlich in einer Höhe ermöglicht.

Aufgrund des angewandten Messverfahrens erweisen sich stark reflektierende Oberflächen als problematisch, da sie das Licht an ihrer Oberfläche streuen und dieses daher nicht direkt an das Photoelement des Sensors reflektiert wird.

Ein besonderer Vorteil dieser Abtastung es Raumes ist hingegen, dass die Daten des Sensors meist mittels Standardschnittstellen wie z. B. RS232, RS422 oder CAN zugänglich sind.

Diese Erkenntnis sowie die Tatsache, dass die Daten in Polarkoordinaten vorliegen, erleichtern die Auswertung der Daten. Dies spielt eine entscheidende Rolle für die bereitzustellende CPU Leistung der Verarbeitungseinheit.

Abb. 10 veranschaulicht die Leistungsfähigkeit dieser Technologie und zeigt ein mittels eines in Abb. 11 dargestellten 3D Laserscanner aufgenommenes Bild.

Abb. 10 3D Image [13]

Abb. 11 3D Laserscanner von FARO (Photon Laser Scanner) [13]

3.4.2 Kamerasysteme

Digitale Kamerasysteme werden meist zur Objekterkennung [14] [16] eingesetzt. Hat ein Objekt eine definierte Form, Farbe oder Größe, so kann – nach einer der jeweiligen Anwendung entsprechenden Skalierung – mittels spezieller Algorithmen auf die Position des Objektes geschlossen werden.

Dies kann mit der Verwendung von zwei örtlich getrennten Kameras (Stereo-Vision) erreicht werden. Dadurch ergibt sich binokulares Sehen und somit Tiefenwahrnehmung.

Bei diesem Prinzip werden die beiden Kamerabilder überlagert. Aus dem örtlichen Versatz des zu beobachteten Objektes kann auf dessen Position geschlossen werden.

In Abb. 12 ist ein solches Stereo-Vision-System, welches im Rahmen einer Diplomarbeit an der Technischen Universität Darmstadt entwickelt wurde, dargestellt.

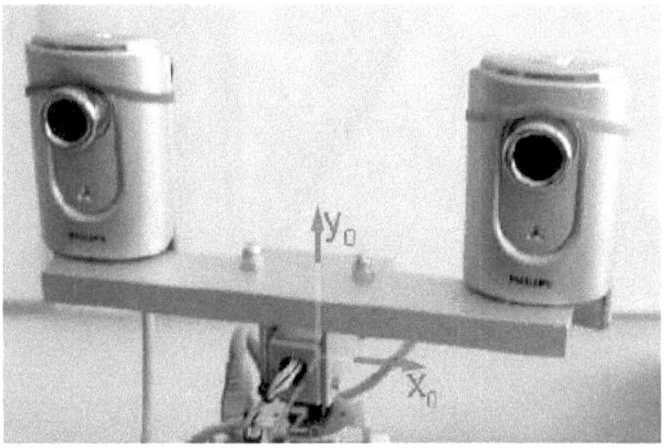

Abb. 12 Stereo-Vision-System [14]

Derartige Systeme eignen sich gut um bspw. Fahrbahnmarkierungen zu detektieren. Ein digitales Kamerasystem wäre eine Alternative bzw. Ergänzung zum im Kapitel 3.4.1 beschriebenen LIDAR Sensor.

Der Aufwand bei der Auswertung von Kamerabildern ist im Vergleich zu LIDAR Daten ungleich höher und erfordert somit auch eine wesentlich höhere CPU-Leistung der informationsverarbeitenden Einheit.

3.4.3 RADAR

RADAR arbeitet ähnlich wie das bereits beschriebene LIDAR Verfahren [15]. Jedoch handelt es sich bei RADAR um elektromagnetische Wellen, die mit einer Antenne abgestrahlt werden.

Die von Objekten reflektierten elektromagnetischen Wellen ermöglichen anhand der sich ergebenden Laufzeitunterschiede Rückschlüsse auf die die Entfernung des Objektes.

3.4.4 Infrarot-Sensoren

Infrarot-Sensoren [2] haben eine sehr starke Richtcharakteristik. Bei dieser Art von Sensoren werden Lichtwellen im Infrarot-Bereich ausgestrahlt. Dieser Lichtstrahl ist sehr schmal, wodurch nur ein Punkt aufgenommen werden kann. Wie in Abb. 13 ersichtlich, befindet sich direkt neben der IR-LED ein Photoelement, welches die reflektierten Lichtstrahlen aufnimmt.

Abb. 13 Sharp IR-Sensor (li), Funktionsprinzip IR-Sensor (re) [2]

Analog zu den bereits beschriebenen Verfahren wird auch hier ein Signal-Laufzeitunterschied gemessen. Die nichtlineare Charakteristik des Photoelementes muss bei der Auswertung von derartigen Sensoren besonders beachtet werden. Der in Abb. 13 ersichtliche Sensor stellt die Entfernungsinformation in Form einer Analogspannung bereit. Im zugehörigen Datenblatt wird wie in Abbildung 13 ersichtlich die Entsprechung der jeweiligen Analogspannung beschrieben.

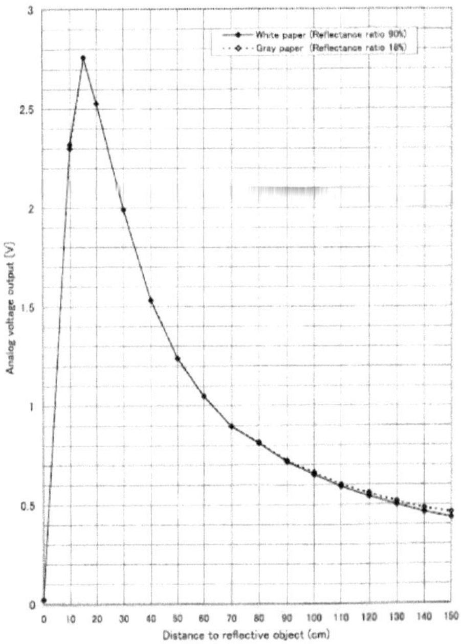

Abb. 14 IR-Kennlinie [17]

3.4.5 Ultraschall

Als Ultraschall [2] wird Schall mit einer Frequenz zwischen 35KHz und 1GHz bezeichnet. Ähnlich wie bei einem IR-Sensor befinden sich Sender und Empfänger dicht nebeneinander. In Abb. 15 ist das grundlegende Funktionsprinzip skizziert:

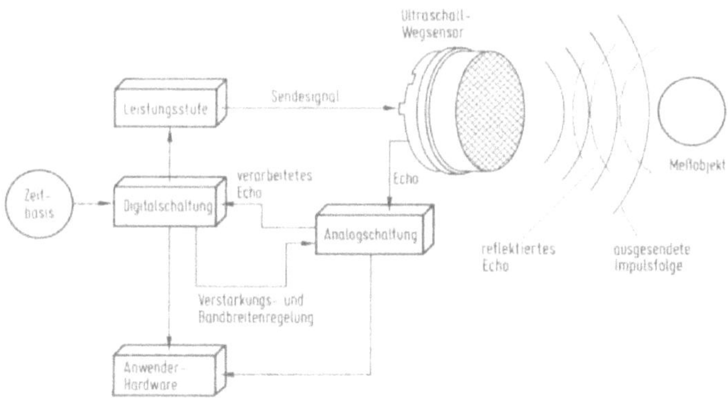

Abb. 15 Sende-Empfangs-Betrieb eines Ultraschall-Systems, 40kHz [19]

Auch hier wird anhand der Signallaufzeit auf die Entfernung geschlossen. Markantester Unterschied ist jedoch der Empfindlichkeitsbereich des Sensors, der nicht wie beim IR-Sensor einem Strahl entspricht, sondern eine Kegelform aufweist, deren Durchmesser mit der Entfernung zunimmt. Diese Eigenschaft ist für bestimmte Anwendungen besonders günstig und ermöglicht einen größeren Detektionsbereich.

Es ist jedoch darauf zu achten dass, wenn Hindernis und Sensor in einem steilen Winkel zueinander stehen, die Ultraschallwellen nicht zum Empfänger reflektiert werden können. Die Detektion dieser Objekte ist daher nicht möglich ist.

Der Entfernungsmesswert wird von dem in Abb. 16 dargestellten Sensor über eine I²C Schnittstelle bereitgestellt.

Abb. 16: SRF 02 Ultraschall-Entfernungsmesser, 40kHz [17]

4 Gegenüberstellung der Sensoren

Dieses Kapitel befasst sich mit den Vor- und Nachteilen verschiedener Sensortypen, der Bewertung dieser Charakteristika in Hinsicht auf das Projekt AICC und bietet eine Vergleichsübersicht der in Frage kommenden Sensortypen.

Die Erkenntnisse dieses Kapitels fließen in die Erstellung eines Sensorkonzeptes für AICC ein (siehe Folgekapitel 5).

4.1 Bewertungskriterien für Sensoren

Die Gegenüberstellung verschiedener Sensoren erfordert eine Definition der Bewertungskriterien. Diese sind applikationsspezifisch und leiten sich im Weiteren von den Anforderungen des Projektes AICC ab.

Wie eingangs erwähnt, handelt es sich beim Projekt AICC um ein Maßstabsmodell im Verhältnis 1:7. Daraus resultierend spielen folgende Eigenschaften eine wichtige Rolle:

- Platzbedarf
- Gewicht
- Leistungsaufnahme
- erforderliche Auswertungs-Hardware (CPU, Platz- und Leistungsbedarf)

Die Anforderungen an die Sensorik werden zudem vom geplanten Indoor-Einsatz geprägt. In Gebäuden ist durch das Vorhandensein diverser Elektroinstallationen mit elektromagnetischen Störfeldern zu rechnen. Diese sollten die verwendete Sensorik nicht beeinflussen bzw. muss man sich der Beeinflussung, z. B. beim Einsatz eines Kompassmoduls, bewusst sein.

Weiters kann eine Vielzahl an Hindernissen auftreten, mit denen bei einem Outdoor-Einsatz nicht zu rechnen ist. Durch die Vielzahl der möglichen Hindernisse war es notwendig, die Anzahl an Hindernisse einzuschränken:

Zu detektierende Hindernisse:

- Stiegen (sowohl aufwärts wie auch abwärts)
- Wände
- Hindernisse ab einer Höhe von 8cm
- Hindernisse niedriger als 8cm

Nicht zu detektierende Hindernisse:

- Hindernisse niedriger 2cm
- Stark reflektierende Hindernisse bzw. stark reflektierende Oberflächen (polierte Metalle, Glas, o. Ä.)
- Hindernisse, die erst ab einer Höhe von mehr als 8cm als solche erkennbar sind und keine Durchfahrt ermöglichen

Aus den oben genannten Anforderungen leiten sich die Kriterien für die Bewertung der Sensorik ab. Im Weiteren werden die Sensoren nach diesen Kriterien verglichen.

4.2 Beschreibung der Sensoren nach Vor- und Nachteilen

4.2.1 Inkrementalgeber

Inkrementalgeber werden einerseits zur Wegstreckenmessung als auch zur Ermittelung des momentanen Lenkeinschlages eingesetzt.

Vorteile:

- einfache Auswertung
- geringer Implementierungsaufwand
- hohe Genauigkeit
- praktisch keine Messausreißer möglich

Nachteile:

- die sich speziell bei Kurvenfahrten ergebenden Messfehler verhalten sich proportional der zurückgelegen Wegstrecke

4.2.2 Kompass

Kompassmodule werden zur Ermittlung des absoluten Winkels bezogen auf den magnetischen Nordpol eingesetzt. Damit lässt sich der mittels Inkrementalgeber ermittelte Lenkeinschlag und somit die Ausrichtung des Fahrzeuges im Raum korrigieren.

Vorteile:

- einfache Auswertung
- geringer Implementierungsaufwand
- absolute Winkelinformation
- bei manchen Kompassmodulen sind Gyroskopsensoren bereits implementiert

Nachteile:

- elektromagnetische Störfelder können den Kompass negativ beeinflussen
- sehr große Messausreißer sind möglich
- die Montage muss mit entsprechendem Abstand zu elektromagnetischen Störfeldern am Fahrzeug erfolgen.

4.2.3 Gyroskop

Gyroskop-Sensoren ermöglichen anhand der auftretenden Kurvenbeschleunigungskräfte eine Aussage über die vollzogene Winkeländerung.

Vorteile:

- geringer Implementierungsaufwand
- sehr empfindlich

Nachteile:

- für eine entsprechende Genauigkeit sind mehrere Gyroskope nötig
- Die Winkelinformation lässt sich nur in Verbindung mit der aktuellen Geschwindigkeit ermitteln. Infolgedessen benötigt man zusätzliche Sensorik – wie z.B. Inkrementalgeber – welch diese Information bereitstellt. Alternativ kann mit weiteren Gyroskop-Sensoren die Vorwärts-Beschleunigungskräfte gemessen werden. Dieses Verfahren ist allerdings sehr aufwändig und erreicht nur eine geringe Genauigkeit
- Die Montage muss drehpunktsymmetrisch erfolgen. Das Konzeptfahrzeug AICC verfügt über eine 4-Rad-Lenkung. Dies hat zur Folge, dass sich der Drehpunkt des Fahrzeuges, anders als bei einer Vorderachslenkung, wo sich der Drehpunkt in der Mitte der Hinterachse befindet, in die Fahrzeugmitte verschiebt. Folglich muss um eine entsprechende Messgenauigkeit zu erzielen, die Position der Gyroskope entsprechend angepasst werden.

4.2.4 GPS

GPS wird bei Outdoor-Fahrzeugen zur Positionsbestimmung herangezogen. Mit den neuesten Geräten lassen sich akzeptable Genauigkeiten erzielen.

Vorteile:

- einfache Auswertung
- geringer Implementierungsaufwand
- absolute Positionsinformation

Nachteile:

- Notwendigkeit einer Sichtverbindung verhindert Einsatz in Gebäuden
- Für eine gute Genauigkeit müssen mindestens 4 Satelliten verfügbar sein.

4.2.5 WLAN

Die in einem Gebäude befindlichen WLAN Access Points können zur Ermittlung der absoluten Position mittels Triangulation herangezogen werden.

Vorteile:

- absolute Positionsinformation

Nachteile:

- sehr aufwändige Auswertung
- Für eine gute Genauigkeit müssen mindestens 3 Access Points mit direkter Sichtverbindung verfügbar sein.
- Durch unerwünschte Reflexionen oder bei nicht ausreichender Netzabdeckung kann es zu großen Messfehlern kommen

4.2.6 LIDAR

Die LIDAR Technologie wird für die Umfelderkennung eingesetzt. Sie ermöglicht eine durch den Sichtbereich des Sensors bestimmte Abtastung des Raumes in einer Ebene.

Es gibt verschiedene Modelltypen mit unterschiedlichen Spezifikationen. Die beschriebenen Vor- und Nachteile beziehen sich auf den S300 Laser-Scanner von SICK.

Vorteile:

- sehr genau, je nach Remissionswert zwischen ± 28mm und ± 60mm (bezogen auf den Messbereichsendwert von 30m)
- verhältnismäßig einfache Auswertung
- große Sichtbereichsabdeckung 270° bei einer Winkelauflösung von 0,5°
- geringe Leistungsaufnahme von maximal 8W
- anhand der Remissionswerte kann auf die Oberflächenstruktur des Hindernisses geschlossen werden

Nachteile:

- Ist der Auftreffwinkel auf das Hindernis zu steil, kann dieses nicht erkannt werden
- Es sind nur bestimmte Remissionswerte zulässig. Bei stark reflektierenden Oberflächen kommt es zu sehr hohen Messungenauigkeiten über den gesamten messbaren Bereich.
- Mit ca. 4000 EUR pro Gerät sind diese Geräte entsprechend teuer

4.2.7 Kamerasysteme

Kamerasysteme werden ebenfalls zur Umfelderkennung eingesetzt. Durch die bereits weit vorangeschrittene Entwicklung von bildverarbeiteten Systemen ist sowohl eine perspektivische Hinderniserkennung wie auch eine Objekterkennung möglich.

Vorteile:

- gute Genauigkeit
- geringere Messungenauigkeiten bei stark reflektierende Oberflächen im Vergleich zu LIDAR
- im Gegensatz zur LIDAR wird nicht nur eine Ebene des Raumes abgetastet, was zu einer signifikanten Vergrößerung des Erfassungsbereiches führt
- Farbinformation kann in die Auswertung mit einfließen

Nachteile:

- für perspektivisches Sehen sind mindestens 2 Kameras nötig
- stellt hohe Anforderungen an die Leistungsfähigkeit der informationsverarbeitenden Einheit (CPU)

4.2.8 RADAR

Die RADAR Technologie wird ebenfalls zur Umfelderkennung eingesetzt. Sie eignet sich besonders dazu, bildverarbeitende oder LIDAR Systeme in bestimmten Bereichen zu unterstützen

Vorteile:

- hohe Genauigkeit
- verhältnismäßig einfache Auswertung

Nachteile:

- Ist der Auftreffwinkel auf das Hindernis zu steil, so kann dieses nicht erkannt werden.

4.2.9 Infrarot-Sensor

Infrarot-Sensoren eignen sich aufgrund ihrer Richtcharakteristik besonders dazu, nur einen bestimmten Bereich abzutasten.

Es gibt verschiedene Modelltypen mit unterschiedlichen Spezifikationen. Die beschriebenen Vor- und Nachteile beziehen sich auf den IR Sensor GP2Y0A02YK von Sharp.

Vorteile:

- gute Genauigkeit von ±10cm (bezogen auf den Messbereichsendwert von 150cm)

Nachteile:

- Ist der Auftreffwinkel auf das Hindernis zu steil, kann dieses nicht erkannt werden.
- Bedingt durch die nichtlineare Charakteristik der Sensorkurve ist je nach Auswertung mit Linearisierungsfehlern zu rechnen.

4.2.10 Ultraschall-Sensor

Ultraschall-Sensoren decken aufgrund ihrer keulenförmigen Richtcharakteristik einen größeren Bereich als Infrarot-Sensoren ab. Diese können somit für die Abdeckung von Blindbereichen eingesetzt werden.

Es gibt verschiedene Modelltypen mit unterschiedlichen Spezifikationen. Die beschriebenen Vor- und Nachteile beziehen sich auf den SRF02 Ultraschallsensor von Devantech.

Vorteile:

- Messbereich von 15cm – 600cm
- einfache Auswertung via I^2C oder RS232

Nachteile:

- Auch hier gilt: Ist der Auftreffwinkel auf das Hindernis zu steil, kann dieses nicht erkannt werden.

4.3 Vergleichsübersicht der Sensoren

Beurteilungserklärung:

Nicht geeignet (-), geringe Eignung (+), akzeptabel (++), geeignet (+++)

Tabelle 1: Odometrie-Daten / Dead Reckoning

	Indoor-eignung	Zu erwartende Messfehler	Genauigkeit	Auswertungs-aufwand	Platzbedarf
Inkremental-geber	+++	+	+++	+	+
Kompass	+	+++	++	+	++
Gyroskop	+++	+	++	++	+

Tabelle 2: Funkgestützte Lokalisation

	Indoor-eignung	Zu erwartende Messfehler	Genauigkeit	Auswertungs-aufwand	Platzbedarf
GPS	-	+	++	+	+++
WLAN	+++	++	+	+++	+

Tabelle 3: Umfelderkennung

	Indoor-eignung	Zu erwartende Messfehler	Genauigkeit	Auswertungs-Aufwand	Platzbedarf
LIDAR	+++	++	+++	++	++
Kamera-Systeme	+++	+	++	+++	++
RADAR	+++	++	++	+	+
Infrarot	+++	++	++	+	+
Ultraschall	+++	++	++	+	+

5 Erstellen des Sensorkonzeptes

5.1 Das Fahrzeugmodell

Wie bereits angesprochen, handelt es sich beim Konzeptfahrzeug AICC um ein Maßstabsmodell im Verhältnis 1:7. Zur Veranschaulichung der an die Sensorik gestellten Anforderungen wird das Fahrzeug im Weiteren kurz beschrieben.

Wie in Abb. 17 ersichtlich wird das Fahrzeug von acht Gleichstrommotoren bewegt. Vier davon werden für den Fahrantrieb eingesetzt, die weiteren vier ermöglichen es, jedes Rad einzeln zu lenken. Dieser Umstand erhöht die Manövrierfähigkeit des Fahrzeuges und ermöglicht Fahrmanöver wie bspw. am Stand zu wenden.

Zudem verringert sich der Wendekreis des Fahrzeuges durch die Vierradlenkungen. In der rechten Abbildung sind die LiPo-Akkus rot dargestellt. In der Mitte des Fahrzeuges ist schematisch die Spannungsversorgung dargestellt. Diese ist in der Lage stabilisierte 3,3V, 5V, 12V und 24V für die Versorgung der gesamten Peripherie zur Verfügung zu stellen.

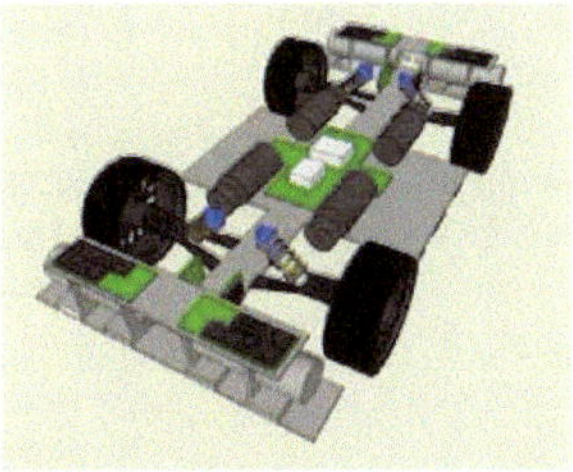

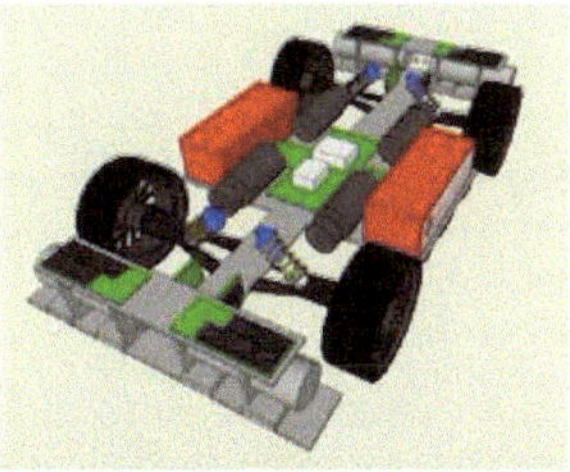

Abb. 17 Geräteplattform (li) und Geräteplattform mit LiPo-Akkus (re)

In Abb. 18 ist die nächste Ebene des Fahrzeuges zu erkennen, in der sich zwei weitere Platinen befinden. Es handelt sich dabei um das Mainboard des Fahrzeuges, welches die rudimentären Steuerungs- und Regelungsaufgaben übernimmt.

Das Mainboard interpretiert die vom IPC gesendeten Fahr- und Lenkbefehle und gibt diese an die entsprechenden Aktoren weiter. Weiters übernimmt das Mainboard das gesamte Power Management des Fahrzeuges.

Bei der zweiten Platine handelt es sich um das Sensorboard, welches einen Teil der Sensordaten auswertet und über das Mainboard an den IPC weiterleitet.

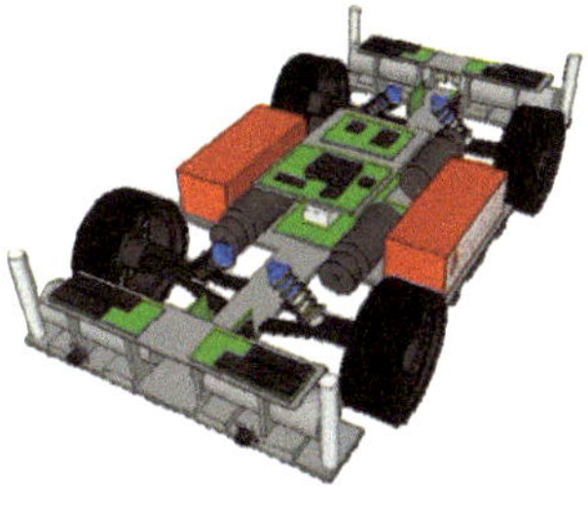

Abb. 18 Geräteplattform mit Sensor- und Mainboard

5.2 Sensoranordnung

Um die in Kapitel 4 erläuterten Anforderungen an die Sensorik bestmöglich umzusetzen, wurde folgendes in Abb.19 und 20 ersichtliche Sensorkonzept erstellt.

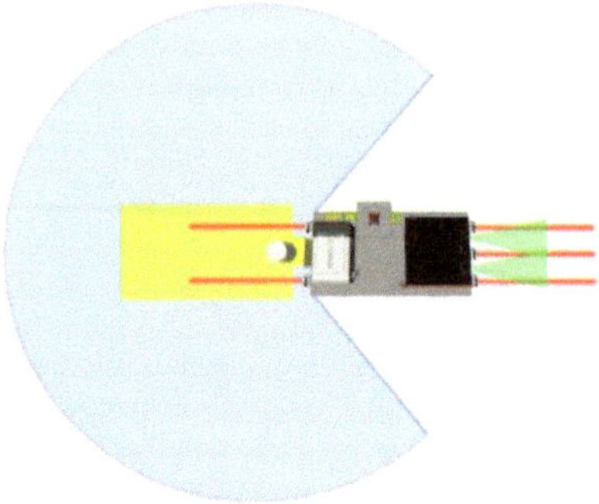

Abb. 19 Sensorkonzept

Mit dem LIDAR Scanner kann ein großer Bereich an der Front des Fahrzeuges abgedeckt werden (blau dargestellt). Zusätzlich kann ein so genanntes Schutzfeld konfiguriert werden (gelb dargestellt).

Die Infrarot-Sensoren sind in der Abbildung als rote Linien schematisch angedeutet. Die Ultraschall-Sensoren strahlen horizontal nach hinten und ermöglichen aufgrund ihres kegelförmigen Messbereiches die Abdeckung eines größeren Bereiches an der Rückseite des Fahrzeuges (grün dargestellt).

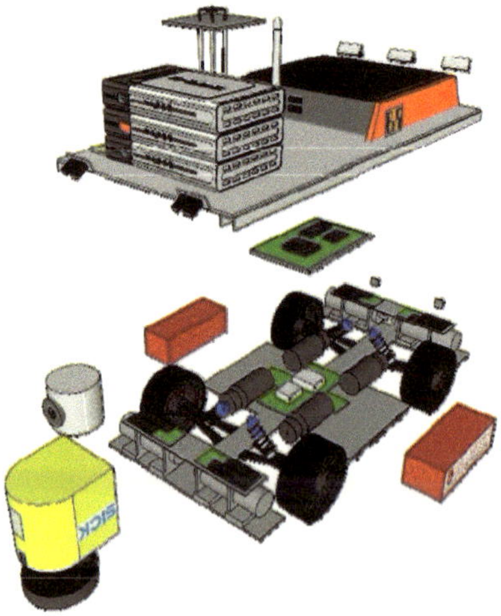

Abb. 20 Fahrzeugmodell auf Basis des Sensorkonzeptes

5.2.1 Sensorik für die Odometrie-Datenerfassung

Die Odometrie-Datenerfassung besteht aus 2 verschiedenen Sensortypen:

- **Inkrementalgeber**
  Für die Ermittlung des Lenkeinschlages sowie für die Ermittlung der zurückgelegten Strecke werden klassische Inkrementalgeber eingesetzt. Die Inkrementalgeber bilden zusammen mit jedem der acht Gleichstrommotoren eine Einheit. Die Impulse der Inkrementalgeber werden direkt vom Mainboard ausgewertet. Aus diesen Impulsen lassen sich die Geschwindigkeit in Meter pro Sekunde, die seit der Initialisierung des Gerätes zurückgelegte Wegstrecke in Meter sowie der Lenkeinschlag in Grad ermitteln.

- **Kompassmodul**
  Weiters wurde ein digitales Kompassmodul der Firma Ocean Server Technology zur Ermittelung der Ausrichtung des Fahrzeuges im Raum eingesetzt und – wie in Abbildung 21 ersichtlich – direkt via USB an den IPC angebunden.

5.2.2 Sensorik für die Umfelderkennung

Die Umfelderkennung besteht aus drei verschiedenen Sensortypen:

- **LIDAR**
  Der über eine RS422 Schnittstelle direkt an den IPC angebundener LIDAR Sensor der Firma SICK kann aufgrund der hohen Reichweite von bis zu 30m und einem Sichtbereich von 270° einen ein großer Bereich an der Front des Fahrzeuges abdecken (vergleiche Abb. 19). Der LIDAR-Scanner bietet zudem die Möglichkeit, ein so genanntes Schutzfeld und ein Warnfeld zu konfigurieren. Diese Felder sind in Größe und Form frei konfigurierbar und betätigen, sofern sie durch ein sich in diesem Bereich befindliches Hindernis ausgelöst wurden, einen der am Gerät integrierten Schaltausgänge.

- **Infrarot-Sensoren**
  Fünf Infrarot-Sensoren der Firma Sharp geben eine, der gemessenen Distanz proportionale, Analogspannung aus. Wie in Abb. 19 und 20 ersichtlich, sind zwei der Sensoren an der Front und weitere drei an der Fahrzeugrückseite angebracht. Die Infrarot-Sensoren werden schräg nach unten montiert. Dies ermöglicht einerseits das Erkennen von Hindernissen in Form von starken Gefällen sowie das Erkennen von kleinen Hindernissen, die unterhalb des Erfassungsbereiches des LIDAR Sensors liegen.

- **Ultraschall-Sensoren**
  Zusätzlich befinden sich an der Fahrzeugrückseite zwei Ultraschall-Sensoren. Diese Sensoren strahlen horizontal nach hinten und ermöglichen aufgrund ihres kegelförmigen Messbereiches die Abdeckung eines größeren Bereiches an der Rückseite des Fahrzeuges (vergleiche Abb. 19).

5.3 Sensor Konzept im Überblick

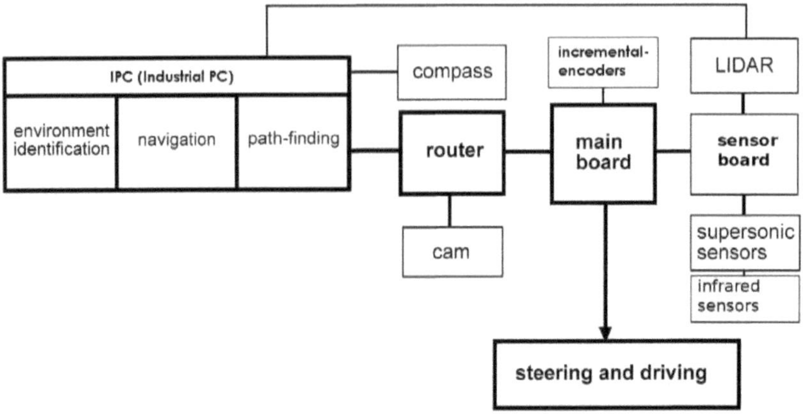

Abb. 21 Blockdiagramm des Sensorkonzeptes

Wie in obiger Abbildung ersichtlich, sind das Kompassmodul und die Messdatenausgabe des LIDAR Sensors direkt mit dem IPC verbunden.

Alle weiteren Sensoren benötigen eine weitere Aufbereitung ihrer Messdaten, bevor diese vom IPC interpretiert werden können. Mit Ausnahme der Inkrementalgeber, die direkt am Mainboard ausgewertet werden, sind alle anderen Sensoren direkt mit dem Sensorboard verbunden, welches die Auswertung der Daten übernimmt.

Diese Daten werden via I^2C an das Mainboard übertragen, welches die Daten gesammelt in 100ms Intervallen via Ethernet an den IPC übermittelt. Dies ermöglicht eine effiziente Auswertung der Sensordaten.

Eine weite Funktionalität des Sensorboards besteht darin, die Schaltausgänge des LIDAR Sensors ständig zu überwachen. Sollte einer dieser Schaltausgänge ansprechen, so wird diese Information an das Mainboard weitergegeben, welches einen unmittelbaren Notstopp einleitet.

Die vom IPC via Ethernet übertragenen Befehle werden wie in der Abb. 21 ersichtlich direkt vom Mainboard an die entsprechenden Aktoren weitergeleitet.

6 Einbinden der Sensorik am Konzeptfahrzeug AICC

6.1 Einbindung der Inkrementalgeber

Die Auswertung der Inkrementalgeber wird, wie aus dem Blockschaltbild des Sensorkonzeptes ersichtlich, vom Mainboard durchgeführt. Herzstück des Mainboards bildet ein PIC18F97J60, welcher alle Steuer- und Regelungsaufgaben übernimmt und als Schnittstelle zwischen IPC und Fahrzeug dient.

6.1.1 Konzept

Die Einbindung der Inkrementalgeber-Auswertung stellt eine Herausforderung dar, da das Mainboard bereits eine Vielzahl zeitkritischer Applikationen abarbeiten muss.

Nachdem vier Inkrementalgeber (einer pro Rad) für den Fahrantrieb auszuwerten sind, besteht eine hohe Wahrscheinlichkeit, dass die steigende Flanke eines Inkrementalgebers zeitgleich mit der steigenden Flanke eines anderen Inkrementalgebers auftritt.

In Betracht zu ziehende Lösungsansätze sind:

- Nutzung des Interrupt On Change
- Nutzung des Capture/Compare Module
- Nutzung eines zusätzlichen Controllers wie z. B. PIC33FJ64GP206

Um den Auswertungsaufwand zu reduzieren werden die auszuwertenden Impulse reduziert und nur jeder achte Impuls ausgewertet.

6.1.2 Schaltungstechnische Umsetzung

Die in Abb. 22 ersichtliche schaltungstechnische Umsetzung konnte mit akzeptablem Aufwand realisiert werden.

Die Anschlüsse des Inkrementalgebers werden mit einer Stiftleiste am Mainboard verbunden. Ein zusätzlicher Pull Down sorgt dafür, dass der Eingangspin des Controllers auch dann einen definierten Pegel hat, wenn der Inkrementalgeber nicht angeschlossen ist.

Dies ermöglicht die Erkennung eines defekten Inkrementalgeber bzw. eines defekten Verbindungskabels. In Abb. 23 ist einer der so angebundenen Inkrementalgeber abgebildet.

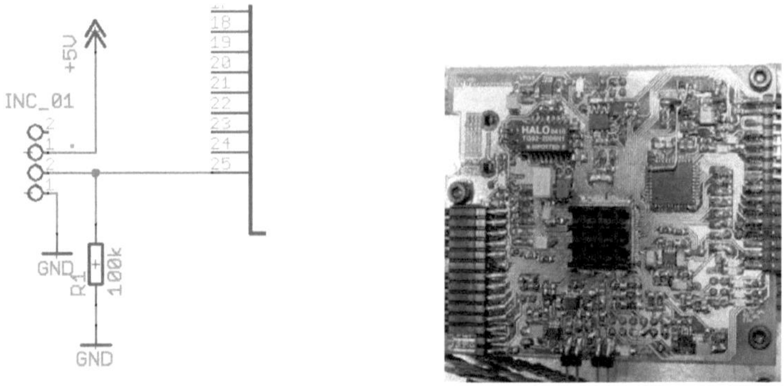

Abb. 22 Inkrementalgeberanbindung (li) und Mainboard Platine (re)

Abb. 23 Inkrementalgeber des Fahrantriebes

6.1.3 Programmierung

Die Auswertung der Inkrementalgeber für die Distanzermittlung wurde unter Verwendung des Capture/Compare Module des PIC18F97J60 umgesetzt.

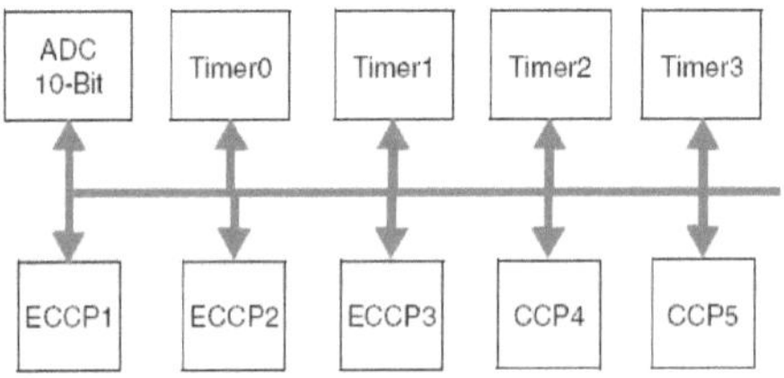

Abb. 24 PIC18F97J60 Block-Diagramm [20]

Dies bot sich an, da der PIC18F97J60 (wie in Abb. 24 ersichtlich) über fünf eigene CCP Eingänge verfügt. Die Auswertung ist dadurch ressourcenschonender und präziser als eine Auswertung mittels Interrupt On Change.

Hierbei wird bei jeder steigenden Flanke ein Timerwert gespeichert. Die Summe der Timer Deltas ΔTsum zwischen acht dieser Flanken entspricht einer bestimmten Distanz d.

Da ΔTsum bei höherer Geschwindigkeit und damit größerer zurückgelegter Distanz pro Zeiteinheit kleiner wird, verhält sich ΔTsum reziprok zur gefahrenen Distanz. Daraus ergibt sich nachstehende Formel:

$$d = \frac{1}{\Delta Tsum} \bullet k \bullet 0xFFFF$$

Da der reziproke Wert von ΔTsum sehr klein wird und in Operation in Integer durchgeführt wird, war es notwendig, diesen um einen konstanten Faktor 0xFFFF – also um 65535 – zu erweitern.

Um eine bestmögliche Genauigkeit zu erreichen und sowohl Radumfang, Getriebeübersetzung und andere mechanische Unvollkommenheiten bestmöglich auszugleichen, wurde der Faktor k im Anschluss empirisch ermittelt.

Bei einer zuvor vermessenen Wegstrecke weist der mittels Inkrementalgeber ermittelte und mit einem Maßband gemessene Wert nach einigen empirischen Messungen nur noch eine durchschnittliche Abweichung von 0,5% auf.

Da das Projekt AICC auf den Erkenntnissen des TT-Car[8] aufbaut und daher einige regelungstechnische Komponenten übernommen wurden, kann auch die Auswertung der für den Lenkeinschlag zuständigen Inkrementalgeber sowohl hardware- als auch softwaretechnisch übernommen werden. Aus diesem Grund war es nicht nötig, die Inkrementalgeber der Lenkung erneut auszuwerten.

6.1.4 Erkenntnisse

Es hat sich herausgestellt, dass die Verwendung von Interrupt On Change Signalen für diese Applikation – bezogen auf die Auswertung der gefahrenen Strecke – nicht geeignet ist, da dazu eine höhere CPU-Geschwindigkeit nötig ist.

Bei Nutzung des Capture/Compare Modules wird nur der Timerwert gespeichert. Dies nimmt weniger Zeit in Anspruch als ein Zählen der Interrupt On Change Interrupts.

Eine weitere Lösung, nämlich das Einsetzen eines zusätzlichen, schnelleren PIC's wie des PIC33FJ64GP206 wurde ebenfalls getestet. Allerdings war diese Lösung mit einem wesentlich höheren Hardware-Aufwand verbunden und brachte hinsichtlich der Genauigkeit der Auswertung eher Nach- als Vorteile.

Durch die Verwendung des Capture/Compare Modules in Verbindung mit der oben beschriebenen Formel wurde schlussendlich eine mit vergleichsweise niedrigem Aufwand verbundene und dennoch genaue Lösung umgesetzt, welche sowohl die Probleme in Bezug auf die Zeit als auch auf die mechanischen Unvollkommenheiten berücksichtigt.

[8] Time Triggert Car

6.2 Einbindung des Kompass

Die Anbindung des in Abb. 25 gezeigten digitalen Kompasses OS5000-US der Firma Oceanserver erfolgt – wie aus dem Sensor-Blockschaltbild ersichtlich – direkt über USB an den IPC.

Der Kompass besitzt eine Auflösung von 0,1° und verfügt über drei von der eigentlichen Kompassfunktion unabhängige Gyroskop-Sensoren. Die Anbindung kann wahlweise über RS232 oder über USB erfolgen.

Abb. 25 Digitales Kompassmodul OS5000-US

6.2.1 Konzept

Die Anbindung bzw. Auswertung des Sensors gestaltet sich nicht sonderlich schwierig, da dieser via USB ansprechbar ist. Weiters verfügt er über in sehr komfortables Benutzerinterface die das Auslesen der Daten über eine virtuelle COM- Schnittstelle, welche in C als gewöhnliche COM Schnittstelle angesprochen werden kann, ermöglicht. Die Datenausgabe erfolgt hierbei kontinuierlich.

6.2.2 Programmierung

Die Gyroskop- und Kompass-Werte können aufgrund der im Kapitel 6.2.1 erwähnten Schnittstelle sehr einfach eingelesen und zur weiteren Auswertung an den Kalmanfilter übergeben werden.

Ein erwähnenswertes Detail ist, dass der Kompass durch den zugehörigen USB-Treiber von Windows als Maus erkannt wird. Es war also erforderlich, denn von Windows erkannten Serial Mouse Adapter in der Systemsteuerung von Windows zu deaktivieren.

6.2.3 Erkenntnisse

Da der Kompass elektromagnetische Felder misst, war die Positionierung ein wichtiger Punkt. Aufgrund der am Fahrzeug herrschenden elektromagnetischen Felder war es notwendig, den Kompass auf einer erhöhten Plattform ca. 10cm über dem Fahrzeug zu montieren.

Um die Gyroskop-Sensoren nicht negativ zu beeinflussen, musste die Befestigung entsprechend stabil erfolgen, da das ungewollte Schwingen der Plattform bei Fahrmanövern zu Fehlmessungen führen kann. In der nachstehenden Abb. 26 ist die Montage des Kompasses abgebildet.

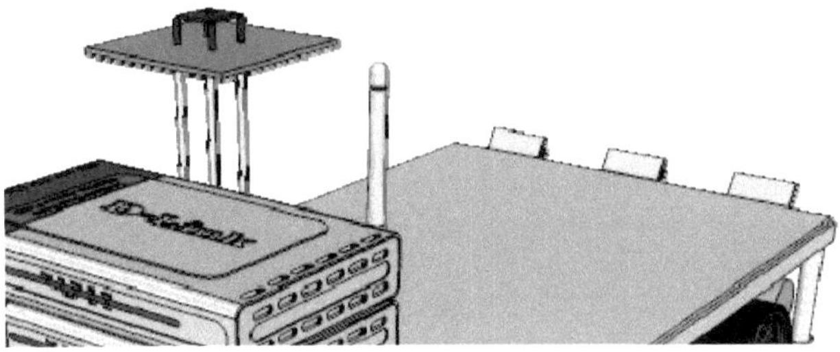

Abb. 26 AICC mit Kompass

Der Kompass von Oceanserver erwies sich im Gegensatz zu den ansonsten getesteten Kompassmodulen von Honeywell als wesentlich robuster gegenüber elektromagnetischen Störfeldern.

Die von Honeywell angebotene Kompensation von elektromagnetischen Feldern durch ein IIR-Filter erwies sich als nicht zielführend, da die gesamte Messung dadurch sehr träge wurde. Das Preis-Leistungs-Verhältnis des OS5000-US war basierend auf den durchgeführten Recherchen am Besten.

6.3 Einbindung des LIDAR

Die Auswertung des in Abb. 27 ersichtlichen S300 LIDAR Scanners der Firma SICK wird größtenteils vom über RS232 angebundenen IPC übernommen. Ein Teil wird jedoch – wie aus dem Sensor-Blockschaltbild (Abb. 21) ersichtlich – vom Herzstück des Sensorboardes übernommen. Dieses besteht aus einem PIC18F66J60, an welchen alle weiteren Sensoren angebunden sind.

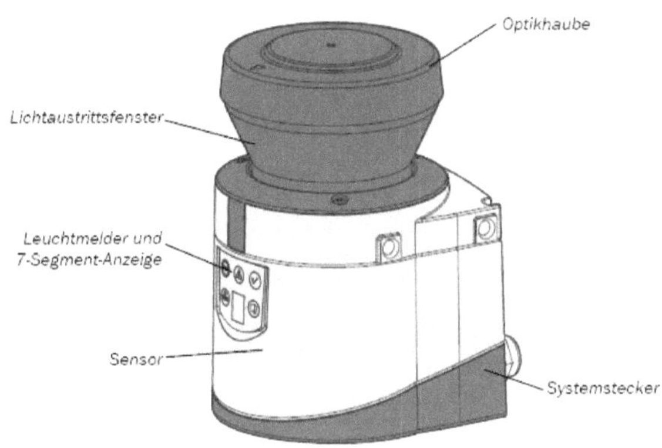

Abb. 27 S300 LIDAR Scanner der Firma SICK [12]

6.3.1 Konzept

Der LIDAR Scanner der Firma SICK bietet zwei Auswertungsmöglichkeiten:

Auswertung des Warn- und Schutzfeldes

Warn- und Schutzfeld [12] können über einen RS232 Port des Sensors konfiguriert werden. In Abb. 28 sind die drei für diese Art der Auswertung entscheidenden Bereiche skizziert:

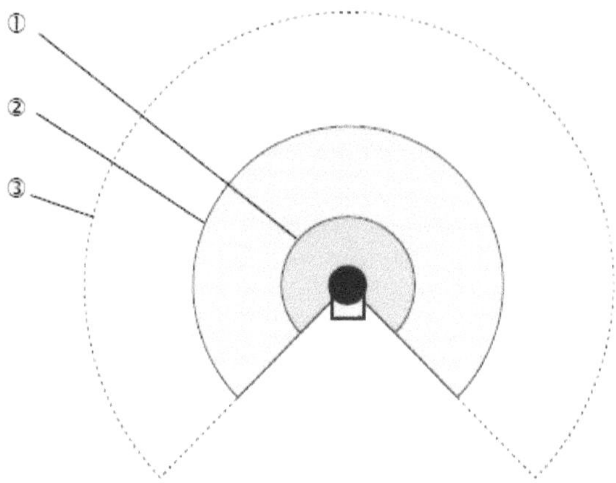

Abb. 28 Schutzfeld (1), Warnfeld (2) und Entfernungsmessbereich (3)

Der Messbereich des Sensors ist mit maximal 30m vorgegeben. Die Bereiche 1 (Schutz) und 2 (Warnfeld) können in Form und Größe der jeweiligen Applikation angepasst werden.

Weiters besitzt der LIDAR Scanner zusätzliche Schaltausgänge. Diese können, sofern die entsprechende Option am Scanner aktiviert wurde, permanent 24V auf den Ausgang durchschalten.

Sollte sich ein Objekt innerhalb des Warn- oder Schutzfeldes befinden, wird die Spannungsausgabe auf dem jeweiligen Ausgang unterbrochen.

Diese Betriebsart wird bspw. auch für Notausschalter eingesetzt und soll verhindern, dass auf derartigen Steuerleitungen Leitungsunterbrechungen auftreten können.

Spricht das **Warnfeld** an, so wird diese Information vom Sensorboard ausgewertet und via I^2C an das Mainboard übertragen. Die Information wird dann via Ethernet an den IPC weitergeleitet, welcher gegebenenfalls die Geschwindigkeit reduziert.

Spricht das **Schutzfeld** an, so wird vom Sensorboard ein so genannter Notstopp eingeleitet und dem Mainboard über eine eigene Leitung signalisiert. Das Mainboard leitet somit sofort einen Notstopp des Fahrzeuges ein und teilt dies dem IPC via Ethernet mit.

Diese Vorgangsweise wurde für AICC gewählt, um entsprechend schnell auf unerwartete Ereignisse wie vorbeigehende Menschen oder andere Fahrzeuge reagieren zu können.

Auswertung der Messdatensätze

Die Messdatenausgabe stellt die Daten in Polarkoordinaten zur Verfügung. Mit einem Messbereich von 270° und einer Winkelauflösung von 0,5° erhält man 541 Datensätze, welche je aus einem Winkel und einer Distanzinformation bestehen.

Diese Messdatenausgabe erfolgt über eine RS422 Schnittstelle am Sensor, welche direkt mit der RS232 Schnittstelle des IPC verbunden ist.

6.3.2 Schaltungstechnische Umsetzung

Auswertung des Warn- und Schutzfeldes

Die Schaltausgänge des LIDAR Scanners werden – wie in Abb. 29 ersichtlich – über einen Spannungsteiler direkt an den Controller geführt. Der Spannungsteiler ist nötig, um die 24V Ausgangsspannung des Scanners auf controller-konforme 5V zu bringen.

Sollte der LIDAR Scanner einen der Schaltausgänge betätigen, so liegt der jeweilige Eingang über den Spannungsteiler direkt auf Masse.

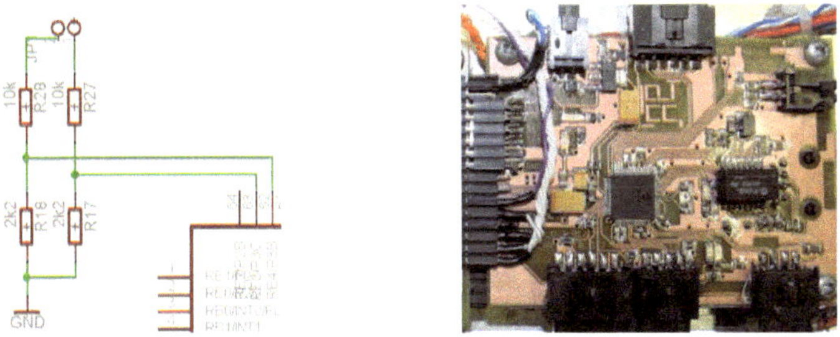

Abb. 29 Sensorboard-Schalteingangsauswertung (li) und Sensorbord-Platine (re)

Auswertung der Messdatensätze

Da der verwendete IPC über keine RS422 Schnittstelle verfügt war es notwendig, die RS232 Schnittstelle des IPC für die Messdatenauswertung zu verwenden. Ohne näher auf die spezifischen Unterschiede dieser beiden Schnittstellen eingehen zu wollen, liegt der größte Unterschied in den verwendeten Übertragungspegeln.

Die RS422 Schnittstelle nutzt differentielle Signale Rx+, Rx- und Tx+, Tx-. Eine Spannungsdifferenz größer als +0,2V wird als High Pegel und eine Spannungsdifferenz kleiner als -0,2V wird als Low Pegel interpretiert. Dieser, in Ab. 30 ersichtliche Umstand, macht die RS422 äußerst störungsunempfindlich.

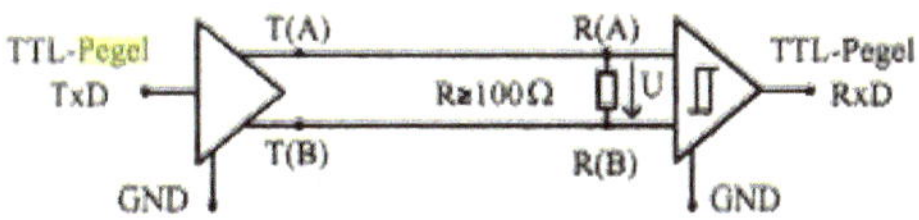

Abb. 30 Schaltungsprinzip der RS422 Schnittstelle

Wie in Abbildung 31 ersichtlich beziehen sich die Signalpegel der RS232 gegen ein Bezugspotential, nämlich gegen Masse. Eine Signalspegels größer als +3V wird bei der RS232 als Low Pegel und eine Signalpegel kleiner als -3V wird als High Pegel interpretiert.

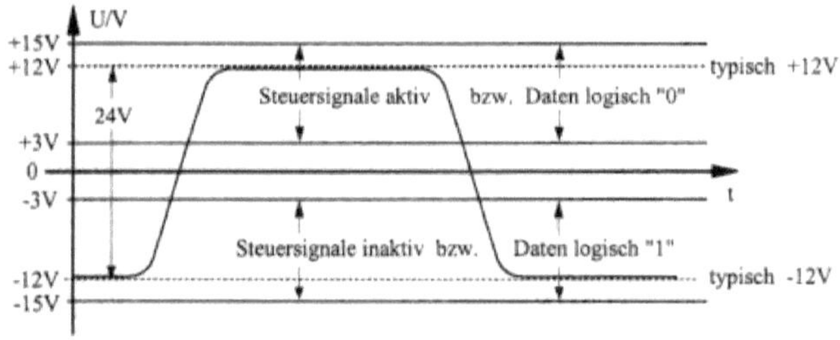

Abb. 31 Pegeldefinition der RS232 Schnittstelle

Diesem Umstand ist es zu verdanken, dass die RS422 Schnittstelle des Sensors und die RS232 Schnittstelle des IPC wie in der nachstehenden Abbildung 32 geschilderten Weise verbunden werden konnten.

Abbildung 32 Verbindung von RS422 mit RS232

6.3.3 Programmierung

Auswertung der Schaltausgänge

Die Auswertung der Schaltausgänge des LIDAR Scanners beschränkt sich auf das Pollen des jeweiligen Einganges. Entsprechend wird bei Ansprechen des Schutzfeldausgangs der Notstopps ausgelöst und die Notstoppleitung zum Mainboard auf Low Potential gezogen. Wenn der Schaltausgang für das Warnfeld anspricht, wird diese Information via I^2C an das Mainboard weitergegeben.

Softwaremäßige Anbindung des S300

Die Anbindung via RS232 erfolgt mit einer Baudrate von 115,2 kBaud. Es gibt 2 mögliche Kommunikationsprotokolle:

- **Kontinuierliche Datenausgabe**
  Bei diesem Verfahren ist es im Gegensatz zum Request Mode nicht nötig, einen Token[9] anzufordern. Wird die kontinuierliche Datenausgabe über die Konfigurationsschnittstelle ausgewählt, sendet der Scanner unmittelbar nach Öffnen der COM kontinuierlich mit der eingestellten Baudrate.

- **Request Mode**
  Im Request Mode muss nach Verbindungsaufbau ein Token angefordert werden. Erst dann können mit einem entsprechenden Kommando Messdaten angefordert werden.

Da die kontinuierliche Datenausgabe sehr zu Lasten der Systemressourcen des IPC geht, wurde für die Auswertung der Request Mode gewählt.

Das Anfordern der Daten durch einen Hostrechner wird wie folgt durchgeführt:

- Power On
- Get Token (Send Telegram mit Device Code 0x07)
- Read Scanndatensatz 1-n (Fetch Telegram mit Device Code 0x07)
- Release Token (Send Telegram mit Device Code 0x07)

In Abb. 33 wird das Anfordern eines Scanndatensatzes an einem Beispiel aus dem zugehörigen Sensorhandbuches beschrieben.

[9] Der TOKEN ist ein Hilfsmittel zur Synchronisation paralleler Prozesse – wer den Token hat, darf auf die Ressource zugreifen.

Beispiel für Request Mode

Get Token:

Hostrechner Send: 00 00 41 44 19 00 00 05 FF 07 19 00 00 05 FF 07 07 0F 9F D0

S 3000 Reply: 00 00 00 00

Read Scandata (Block 12):

Hostrechner Send: 00 00 45 44 0C 00 02 FE FF 07

S 3000 Reply: 00 00 00 00 0C 00 02 FE FF 07 00 08 3B 00 3D 00 ... 29 00 FE E9

Read Extended Scandata (Block 112):

Hostrechner Send: 00 00 45 44 70 00 03 02 FF 07

S 3000 Reply: 00 00 00 00 70 00 03 02 FF 07 01 00 00 00 14 4B ... 00 26 8B

Release Token:

Hostrechner Send: 00 00 41 44 19 00 00 05 FF 07 19 00 00 05 FF 07 00 00 E7 B8

Abb. 33 Beispiel für Request Mode [22]

In Abb. 34 werden die einzelnen Blöcke, aus welchen ein Messdatentelegramm des S300 besteht, beschrieben:

Register Name	Block Word	Field Bits	Field Name	Field Description
Monitoring Data	0	0-3	Monitoring Case	0-3: Active Monitoring Case
		4-7	n/u	n/u
		8-10	Control Area	0-3: Monitoring Area
		11-15	n/u	n/u
Scan Data Pulse 1	1	0-12	Distance	Distance [cm]
		13-15	Status Flags	Bit 15:n/u Bit 14: Pulse within Control Area detected Bit 13: glare (dazzling) detected

Abb. 34 Reply Telegram Listing

Im Programm (siehe Anhang) wird nach dem Anfordern der Messdaten der gesamte Datensatz mit einer Länge von 1096 Byte eingelesen. Dieser Datensatz bestehend aus:

Tabelle 4: Telegram Listing

Block Größe	**Inhalt**
4 Byte	Header
6 Byte	Telegrammkopf
2 Byte	Monitoring Daten
1082 Byte	Messdaten (541 Datensätze zu je 2 Byte)
2 Byte	CRC Checksumme
1096 Byte	**Blockgröße des gesamten Reply Telegramms**

Zu Beginn wird der empfangene Header auf Fehlermeldungen überprüft. Sollten keine Fehler aufgetreten sein, wird eine Checksumme gebildet und mit den letzten beiden Byte des Reply Telegram, in denen die Checksumme steht, verglichen.

Sollten auch hier keine Fehler aufgetreten sein, wird der Datensatz als gültig eingestuft und zur weiteren Auswertung von einer Funktion übernommen, welche die so erhaltenen Polarkoordinaten in kartesische Koordinaten wandelt.

Die für die Erstellung des Kapitels 6.3 erforderlichen Informationen stammen aus den Referenzen [21] [22].

6.3.4 Erkenntnisse

Die meisten intern via USB angebunden RS232 Schnittstellen sind mit der kontinuierlichen Datenausgabe des LIDAR überfordert. Es kommt hierbei zu einem Puffer Overflow.

In diesem Fall werden die Daten durch das paketweise Weiterversenden nicht schnell genug aus dem Puffer ausgelesen. Weiters hat sich die Verwendung von ‚RS422 to USB' Schnittstellenkonvertern aus den oben genannten Gründen als nicht praktikabel erwiesen.

Das Anfordern der Daten vom Sensor mittels Request hat jedoch durch den für die Kommunikation notwendigen Daten-Overhead Geschwindigkeitseinbußen zur Folge. Im Request Mode muss zwischen dem Anfordern von zwei Datenpaketen mindestens eine Sicherheitszeit von 270ms eingehalten werden.

Die sehr unkomplizierte Anbindung des S300 über RS232 hat sich als sehr praktikabel und störsicher erwiesen. Bei der Lösung, die Daten paketweise anzufordern, überwiegen insofern die Vorteile, da sich dadurch die Systemauslastung senken lässt.

Die mit dem Requestmode verbundene Übertragungsverzögerung fällt aufgrund der langsamen Fahrgeschwindigkeit von ca. 6cm/sec im autonom Fahrmodus kaum ins Gewicht.

6.4 Einbindung der Ultraschall-Sensoren

Der in Abb. 35 ersichtliche Ultraschall-Sensor SRF02 kann wahlweise über ein RS232 Interface oder über I²C angesprochen werden. Die kegelförmige Charakteristik der Ultraschallsensoren ermöglicht einen (in der Abbildung zum Sensorkonzept ersichtlichen) überlappenden Sichtbereich an der Rückseite des Fahrzeuges.

Abb. 35 SRF02 Ultraschall-Sensor [18]

6.4.1 Konzept

Die Auswertung der Ultraschall-Sensoren erfolgt mittels RS232. Ähnlich den bisher beschriebenen Sensoren wird auch hier ein Notstopp vom Sensorboard ausgelöst, sollte die geforderte Mindestdistanz von 40cm nach hinten unterschritten werden.

6.4.2 Schaltungstechnische Umsetzung

Durch die Adressierbarkeit der Ultraschallsensoren ist es – wie in Abb. 36 ersichtlich – möglich, beide Sensoren an eine USART des Microcontroller anzubinden. Der Pull-Up Widerstand am Receive-Eingang der USART dient wiederum der Ausfallserkennung.

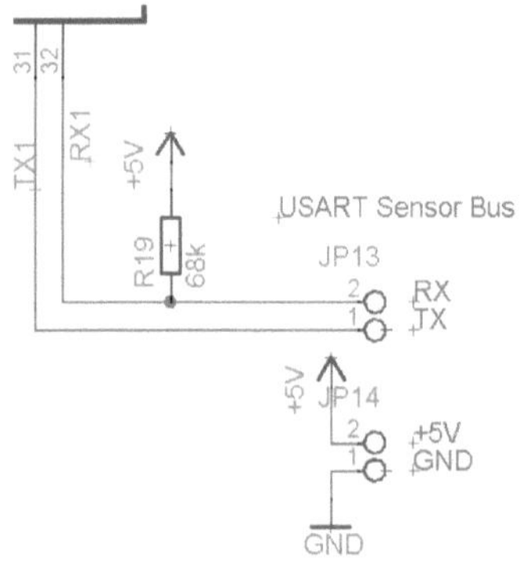

Abb. 36 Anbindung der Ultraschall-Sensoren am Sensorboard

6.4.3 Programmierung

Die Auswertung der Ultraschall-Sensoren war ähnlich wie beim Kompassmoduls sehr unkompliziert. Entsprechend adressiert liefern sie unter Berücksichtigung der für die Messung benötigten Zeit von ca. 65ms die Distanzinformation in cm.

In diesem Fall erfolgt die Auswertung ähnlich der des LIDAR Scanners im Request Mode. Der Sensor wird mit seiner ID angesprochen, worauf dieser die Messung startet und den Messwert nach Abschluss der Messung übermittelt. Die Weitergabe des Messwertes an das Mainboard erfolgt, wie bereits bei den anderen Sensoren beschrieben, über die Notstoppleitung oder über I²C.

6.4.4 Erkenntnisse

Die erhaltenen Messergebnisse des Ultraschall-Sensors schwankten im Mittel um ca. 20%, was für diese Anwendung nicht zwingend ein Problem darstellt. Allerdings ergaben Messversuche eine sehr unzuverlässige Detektion von Hindernissen.

Um eine zuverlässige Detektion zu erreichen ist es erforderlich, den Sensor mit einer gewissen Winkeltoleranz von einigen Grad orthogonal zum Hindernis zu positionieren. Wird der Auftreffwinkel der Schallwellen auf das Hindernis zu steil, kann dieses nicht mehr zuverlässig detektiert werden.

Die Ultraschall-Sensoren werden ausschließlich für die Erkennung von Hindernissen hinter dem Fahrzeug eingesetzt. Da das selbstständige Rückwärtsfahren des Fahrzeuges explizit ausgeschlossen wurde, war eine Erweiterung der Sensorik an der Rückseite nicht erforderlich.

Großflächige Hindernisse wie z. B. Personen, welche hinter dem Fahrzeug stehen, werden zuverlässig erkannt. Daher wurden die Sensoren als zusätzliche Sicherheitsmassnahme am Fahrzeug belassen.

6.5 Einbindung der Infrarot-Sensoren

Der in Abb. 37 ersichtliche IR-Sensor des Typs GP2Y0A02 der Firma Sharp wird wie im Sensor Blockschaltbild beschrieben direkt am Sensorboard implementiert. Das Sensorboard übermittelt auch in diesem Fall alle Daten direkt an das Mainboard, welches die Daten an den IPC weiterleitet.

Abb. 37 IR Sensor GP2Y0A02 der Firma Sharp

6.5.1 Konzept

Die an das Sensorboard angebundenen IR Sensoren werden von den Analogeingängen des Sensorboard Controllers ausgewertet. Wird ein definierter Wert unter- bzw. überschritten, so wird ähnlich dem Notstopp der durch die LIDAR Schaltausgänge ausgelöst werden kann auch hier ein Notstopp ausgelöst und dem Mainboard über die Notstoppleitung mitgeteilt.

6.5.2 Schaltungstechnische Umsetzung

Die IR-Sensoren stellen den Messwert in Form eines Analogwertes zur Verfügung. Somit wurden, wie in Abb. 38 ersichtlich, alle fünf IR-Sensoren an Analogeingänge des PIC18F66J60 geführt und entsprechend ausgewertet.

Der zusätzliche Pull-Down Widerstand dient wieder nur zur Fehlererkennung sollte einer der Sensoren nicht angeschlossen sein.

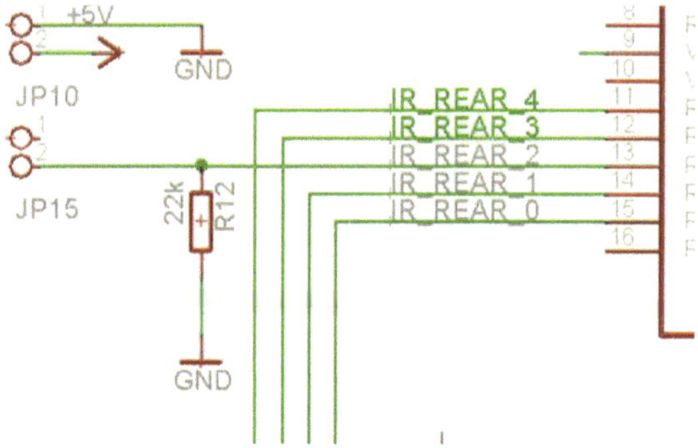

Abb. 38 Sensorboardseitige Einbindung der IR-Sensoren

6.5.3 Programmierung

Aufgrund des in Abb. 39 ersichtlichen Kennlinienverlaufs des IR-Sensors wurde die Kennlinie für die Auswertung am Controller linearisiert.

Die Sensoren wurden wie im Sensorkonzept ersichtlich in einem 45° Winkel nach unten montiert. Bei der Montage wurde darauf geachtet, dass der bei ebenem Untergrund auftretende Messwert im linearen Bereich der Sensorkennlinie liegt. Dieser Wert liegt bei etwa 25cm.

Beim Einschaltvorgang des Fahrzeuges wird der Sensor kalibriert.

Beim Einschalten des Fahrzeuges wird der gemessene Wert gespeichert und überprüft, ob dieser innerhalb der des tolerierten Bereiches von +/- 5cm liegt.

Wenn dies nicht der Fall ist, wird der Notstopp ausgelöst. Wenn die Messung innerhalb der definierten Parameter liegt, wird dieser Wert als Reverenzwert genutzt. Sollte die gemessene Distanz ausgehend von diesem +/- 10 cm überschreiten, wird ebenfalls der Notstopp ausgelöst.

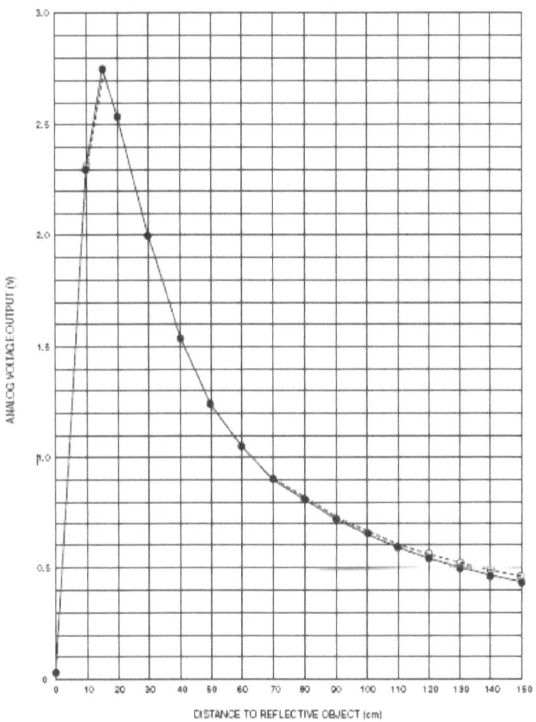

Abb. 39 Analogspannungs-Charakteristik des IR-Sensors

6.5.4 Erkenntnisse

Die IR-Sensoren neigen ähnlich dem LIDAR Sensor zu starken Messausreißern, wenn der Lichtstrahl auf stark reflektierende Oberflächen auftrifft.

Dies ist an einigen Stellen innerhalb von Gebäuden wie z. B. bei Lifttüren unvermeidlich. Da in der Hindernisdefinition jedoch keine in den Boden eingelassenen Hindernisse enthalten sind und die durch diese Art der Messung erhaltenden Daten für eine zuverlässige Erkennung von Stiegen und Türschwellen ausreichen, wurde an diesem Messkonzept festgehalten.

Abgesehen von den durch reflektierende Oberflächen verursachten Messausreißern erwies sich der IR Sensor als sehr zuverlässiger und für derartige Messungen ausreichend genauer Sensor. Außerdem lagen sie mit einem Preis von ca. 10EUR pro Stück im untersten Preissegment der benötigten Sensoren.

7 Erreichte Ziele und gewonnene Erkenntnisse

Die gewonnenen Erkenntnisse zur Auswertung der jeweiligen Sensoren wurden bereits in den Unterkapiteln zu Kapitel 6 erläutert. Die größte Herausforderung bei der Einbindung der Sensorik stellte die Implementierung des LIDAR Sensors dar. Neben der hard- und softwaremäßigen Einbindung stellte auch die mechanische Montage ein wichtiges Kriterium für das reibungslose Funktionieren dar.

Bereits kleinste Neigungsänderungen des Fahrzeuges hatten auf eine Distanz von bis zu dreißig Metern große Auswirkungen. Somit wurden anfänglich gewonnene Messdaten oft fehlinterpretiert, da der Sensor nicht exakt horizontal ausgerichtet war.

Die softwaremäßige Visualisierung der Sensordaten war ein ebenso anspruchsvoller Bereich und wird in der Bachelorarbeit eines Teammitgliedes näher beschrieben.

Conclusio

Im Zuge des Projektes AICC wurden verschiedenste Sensoren miteinander verglichen und für ihre Eignung zur Messdatenaufnahme auf dem Konzeptfahrzeug AICC getestet.

Nach der Festlegung der Anforderungen wurde ein entsprechendes Sensorkonzept erstellt. In Folge wurde für jeden Sensor ein Implementierungskonzept erstellt. Abschließend wurde diese Konzepte umgesetzt, indem die Sensoren entsprechend montiert, kalibriert sowie hard- und softwaremäßig eingebunden wurden. Alle sich bei der hard- und softwaremäßigen Implementierung ergebenden Probleme konnten gelöst werden.

Das Ziel, ein für den Indoor-Einsatz geeignetes Sensorkonzept zu entwickeln und zu realisieren, konnte in vollem Umfang erreicht werden. Die untenstehende Abb. 40 zeigt das auf diese Weise entwickelte Fahrzeug

Abb. 40 Projekt AICC nach Fertigstellung

Literatur- und Quellenverzeichnis

[1] Søren Riisgaard; Morten Rufus Blas (2005): SLAM for Dummies, A Tutorial Approach to Simultaneous Localization and Mapping
http://ocw.mit.edu/NR/rdonlyres/Aeronautics-and-Astronautics/

[2] Thomas Bräunl (2006): Embedded Robotics

[3] John G. Webster (1999): The Measurment, Instrumentation, and Sensors Handbook

[4] Dipl.-Ing. Manfred Ley(2008): Vorlesungsskriptum zu Digital Systems Design

[5] Christian Eisenhut; Alain Brenzikofer (2001): Erdmagnetfeldmessung (Skriptum von der ETH Eidgenössische Technische Hochschule Zürich)
http://www.brenzi.ch/data/navineedles.pdf

[6] OceanServer Technology Inc. (2007): Digital Compass Users Guide, OS5000 Series
http://www.ocean-server.com/download/OS5000_Compass_Manual.pdf

[7] Honeywell International Inc. (2008): HMC5843 Datasheet
http://www.honeywell.com

[8] Wikipedia (18.11.2008): Gyroscope
http:/en.wikipedia.org/wiki/Gyroscope

[9] Walkera CO. (22.11.2008): WK-G011
http://www.walkera.com/en1/particular.jsp?pn=WK-G011

[10] B. Hofmann-Wellenhof; H. Lichtenegger; J. Collins (2001): GPS Theory and Practice

[11] Dipl.-Ing. Ulf Stein (2008): GPS-Theorie und Praxis (Skriptum von der Universität Kassel)
http://cms.uni-kassel.de/uploads/media/GPS.pdf

[12] SICK (2008): Betriebsanleitung S300
https://mysick.com/saqqara/pdf.aspx?id=im0017595

[13] FARO (18.11.2008): FARO Photon
http://www.faro.com/photon/de/

[14] Andreas Klemp (16.08.2005):
Diplomarbeit zum Thema: Entwicklung eines Stereokamerasystems zur Objekterkennung und Entfernungsbestimmung in mobilen Robotersystemen
http://www.sim.tu-darmstadt.de/publ/da/2005-Klemp.pdf

[15] Dieter Nührmann (1991): Sensor-Praxis, Bauelemente und Schaltungen

[16] Konrad Reif (2006): Automobilelektronik, Eine Einführung für Ingenieure

[17] Sharp (16.12.2008): Datenblatt: IR-Sensor GP2Y0A02YK
http://sharp-world.com/products/device/lineup/data/pdf/datasheet/gp2y0a02_e.pdf

[18] Robotikhardware (19.12.2008): Datenblatt: SRF02 – *LowCost Ultraschallsensor*
http://www.robotikhardware.de/download/srf02doku.pdf

[19] Peter Hauptmann (1990): Sensoren Prinzipien und Anwendungen

[20] MICRICHIP (15.01.2008) Data Sheet PIC18F97J60
http://www.microchip.com/wwwproducts/Devices.aspx?dDocName=en026439

[21] Friedrich Wittgruber (2002): Digitale Schnittstellen und Bussysteme

[22] SICK (2008): Datenblatt Telegrammlisting für den S300 Professional

Anhang

Messdatenauswertung des SICK S300 LIDAR Scanners in C

```
// Prieler Florian 24.09.2008
// AICC
// receive & filter & SAVE LIDAR DATA
//------------------------------------------------------------------------
// Übergabeparameter:    get_LIDAR_DATA(1,"COM1",DATA);
//                                          1. ==> 1 für COM öffnen 0 für COM schließen
//                                          2. ==> angabe der COM zb. "COM1"
//                                          3. ==> übergabe der Adresse des ersten Elementes des //
                                            zielArrays (1084byte)
//                                          ZielArray: unsigned char DATA[1084]
//
// die Funktion liefert verschiedene Rückgabewerte
//
//                        1 für ==>  Token wurde angefordert
//                        2 für ==>  Communication ERROR:   Header korrupt
//                        3 für ==>  can't receive Sensor Data
//                        4 für ==>  CRC SUMM error
//                        5 für ==>  COM wurde geschlossen
//
//                        Sleep(300);          zwischen den Funktionsaufrüfen müssen aus timing
//                                             gründen mindestens 300ms liegen
//------------------------------------------------------------------------

#include <windows.h>
#include <stdio.h>

//------------------------------------------------------------------------
// COM DEFINES

HANDLE h_COM;                  // Handle to COM
DWORD dw_Ret = 0;              // Return Value
DCB dcb;                       // Device Control Block

//------------------------------------------------------------------------

WORD CRC16 (BYTE *Data, DWORD length)
{
        static const unsigned short crc_table[256] = {                    // CRC lookup table
                0x0000, 0x1021, 0x2042, 0x3063, 0x4084, 0x50a5, 0x60c6, 0x70e7,
                0x8108, 0x9129, 0xa14a, 0xb16b, 0xc18c, 0xd1ad, 0xe1ce, 0xf1ef,
                0x1231, 0x0210, 0x3273, 0x2252, 0x52b5, 0x4294, 0x72f7, 0x62d6,
                0x9339, 0x8318, 0xb37b, 0xa35a, 0xd3bd, 0xc39c, 0xf3ff, 0xe3de,
                0x2462, 0x3443, 0x0420, 0x1401, 0x64e6, 0x74c7, 0x44a4, 0x5485,
                0xa56a, 0xb54b, 0x8528, 0x9509, 0xe5ee, 0xf5cf, 0xc5ac, 0xd58d,
                0x3653, 0x2672, 0x1611, 0x0630, 0x76d7, 0x66f6, 0x5695, 0x46b4,
                0xb75b, 0xa77a, 0x9719, 0x8738, 0xf7df, 0xe7fe, 0xd79d, 0xc7bc,
                0x48c4, 0x58e5, 0x6886, 0x78a7, 0x0840, 0x1861, 0x2802, 0x3823,
                0xc9cc, 0xd9ed, 0xe98e, 0xf9af, 0x8948, 0x9969, 0xa90a, 0xb92b,
                0x5af5, 0x4ad4, 0x7ab7, 0x6a96, 0x1a71, 0x0a50, 0x3a33, 0x2a12,
                0xdbfd, 0xcbdc, 0xfbbf, 0xeb9e, 0x9b79, 0x8b58, 0xbb3b, 0xab1a,
                0x6ca6, 0x7c87, 0x4ce4, 0x5cc5, 0x2c22, 0x3c03, 0x0c60, 0x1c41,
                0xedae, 0xfd8f, 0xcdec, 0xddcd, 0xad2a, 0xbd0b, 0x8d68, 0x9d49,
                0x7e97, 0x6eb6, 0x5ed5, 0x4ef4, 0x3e13, 0x2e32, 0x1e51, 0x0e70,
                0xff9f, 0xefbe, 0xdfdd, 0xcffc, 0xbf1b, 0xaf3a, 0x9f59, 0x8f78,
                0x9188, 0x81a9, 0xb1ca, 0xa1eb, 0xd10c, 0xc12d, 0xf14e, 0xe16f,
                0x1080, 0x00a1, 0x30c2, 0x20e3, 0x5004, 0x4025, 0x7046, 0x6067,
                0x83b9, 0x9398, 0xa3fb, 0xb3da, 0xc33d, 0xd31c, 0xe37f, 0xf35e,
                0x02b1, 0x1290, 0x22f3, 0x32d2, 0x4235, 0x5214, 0x6277, 0x7256,
                0xb5ea, 0xa5cb, 0x95a8, 0x8589, 0xf56e, 0xe54f, 0xd52c, 0xc50d,
                0x34e2, 0x24c3, 0x14a0, 0x0481, 0x7466, 0x6447, 0x5424, 0x4405,
                0xa7db, 0xb7fa, 0x8799, 0x97b8, 0xe75f, 0xf77e, 0xc71d, 0xd73c,
                0x26d3, 0x36f2, 0x0691, 0x16b0, 0x6657, 0x7676, 0x4615, 0x5634,
                0xd94c, 0xc96d, 0xf90e, 0xe92f, 0x99c8, 0x89e9, 0xb98a, 0xa9ab,
                0x5844, 0x4865, 0x7806, 0x6827, 0x18c0, 0x08e1, 0x3882, 0x28a3,
                0xcb7d, 0xdb5c, 0xeb3f, 0xfb1e, 0x8bf9, 0x9bd8, 0xabbb, 0xbb9a,
                0x4a75, 0x5a54, 0x6a37, 0x7a16, 0x0af1, 0x1ad0, 0x2ab3, 0x3a92,
                0xfd2e, 0xed0f, 0xdd6c, 0xcd4d, 0xbdaa, 0xad8b, 0x9de8, 0x8dc9,
                0x7c26, 0x6c07, 0x5c64, 0x4c45, 0x3ca2, 0x2c83, 0x1ce0, 0x0cc1,
                0xef1f, 0xff3e, 0xcf5d, 0xdf7c, 0xaf9b, 0xbfba, 0x8fd9, 0x9ff8,
                0x6e17, 0x7e36, 0x4e55, 0x5e74, 0x2e93, 0x3eb2, 0x0ed1, 0x1ef0
        };
```

```
        WORD CRC_16 = 0xFFFF;
        WORD i;
        for (i = 0; i < length; i++)
        {
                CRC_16 = (CRC_16 << 8) ^ (crc_table[(CRC_16 >> 8) ^ (Data[i])]);
        }
        return CRC_16;
}
//------------------------------------------------------------------------------

int get_LIDAR_DATA (bool closeCOM, char COM[5], unsigned char* DATA)
{
// LIDAR COMMANDS
unsigned char Get_Token[20]= {00,00,65,68,25,00,00,05,255,07,25,00,00,05,255,07,07,15,159,208};
unsigned char Release_Token[20]= {00,00,65,68,25,00,00,05,255,07,25,00,00,05,255,07,00,00,231,184};
unsigned char Read_Scandata[10]= {00,00,69,68,12,00,02,34,255,07};

        //------------------------------------------------------------------------------
        // received LIDAR DATA
        unsigned char HEADER[4] = {0};            // Header (4 byte)       00 00 00 00 wenn OK
        unsigned char ScanDATA[1092] = {0};       // Telegramm kopf
        // Telegramm kopf (6 byte)+ Monitoring Data (2 byte)+ DATEN (1082 byte) + CRC Summe (2 byte)

        int i = 0;
        //countervariable for general purpose

        COMMTIMEOUTS CommTimeouts;

        //------------------------------------------------------------------------------
        // CRC Summe
        WORD CL_CRC_16 = 0xFFFF;                          // aus LIDAR DATEN ermittelte CRC Summe
        WORD SL_CRC_16 = 0xFFFF;                          // mitgeschickte LIDAR CRC Summe

        //------------------------------------------------------------------------------

        if(closeCOM == true)              // Beenden der Funktion close Handle
        {
                CloseHandle(h_COM);
                return 5;                 // funktion beendet
        }

        WriteFile(h_COM,&Read_Scandata,10,&dw_Ret,NULL);          // DATEN Anfrage an LIDAR senden

        if(GetLastError() == 6)                                   // The handle is invalid. ==> COM noch nicht geöffnet
        {
                h_COM = CreateFile(COM,GENERIC_READ|GENERIC_WRITE,0,NULL,OPEN_EXISTING,0,NULL);

                GetCommState(h_COM, &dcb);                // Get the current COM1 settings
        //------------------------------------------------------------
                dcb.BaudRate = CBR_115200;                // 115200 bits per second
                dcb.ByteSize = 8;                         // 8 bit per byte
                dcb.Parity = NOPARITY;                    // NO parity
                dcb.StopBits = ONESTOPBIT;                // 1 stop bit
        //------------------------------------------------------------
                SetCommState(h_COM, &dcb);                // Set COM1 settings

                PurgeComm (h_COM, PURGE_TXABORT|PURGE_RXABORT|PURGE_TXCLEAR|PURGE_RXCLEAR);
//------------------------------------------------------------------------------

        //COMMTIMEOUTS CommTimeouts;
        GetCommTimeouts(h_COM, &CommTimeouts);
        CommTimeouts.ReadIntervalTimeout        = 20;
        CommTimeouts.ReadTotalTimeoutMultiplier  = 1;
        CommTimeouts.ReadTotalTimeoutConstant    = 10;
        SetCommTimeouts (h_COM, &CommTimeouts);

        WriteFile(h_COM,&Read_Scandata,10,&dw_Ret,NULL);          // erneute DATEN Anfrage an LIDAR senden
        }

        ReadFile(h_COM,&HEADER,4,&dw_Ret,NULL);                   // empfangen des Headers

        if ((HEADER[0]+HEADER[1]+HEADER[2]+HEADER[3]) != 0)       // Header auf gültigkeit überprüfen
        {
                WriteFile(h_COM,&Get_Token,20,&dw_Ret,NULL);      // Token anfordern
                ReadFile(h_COM,&HEADER,4,&dw_Ret,NULL);

                if ((HEADER[0]+HEADER[1]+HEADER[2]+HEADER[3]) == 0)       // Header erneut prüfen
                        return 1;
                // Header gültig neustart
                else
                        return 2;
                // Header ungültig error massage
        }
```

```
        ReadFile(h_COM,&ScanDATA,1092,&dw_Ret,NULL);            // Lesen der Daten (Telegramm kopf + Daten)
        if (dw_Ret < 1092)        return 3;                     // überprüfen ob alle Daten empangen wurden

        SL_CRC_16 = (ScanDATA[1091] << 8) + ScanDATA[1090];
        // letzten beien byte für CRC Summenbildung vertauschen

        if (CRC16(&ScanDATA[0],1090) == SL_CRC_16)
        // aufruf des CRC Checks und vergleich mit den empfangenen CRC bytes
        // wenn die CRC summe korreckt ==> übergabe der daten
        {
          for (i=8;i<1090;i++)
        // die ersten 6 byte (telegramm Kopf) so wie byte 7-8 (Monitoring Data)
        // und die letzten beiden byte (CRC Summe) werden nicht übergeben
                DATA[i-8] = ScanDATA[i];                        // übergabe der gelesenen daten an Ziel Array
        }
        else
                return 4;                                       // rückgabe wenn CRC nicht korreckt
        return 0;
}
```